昆虫的智慧

杨红珍 | 著

精巧的结构

多变的形态

社会生活

花样求爱

神奇的伪装

真假有毒

中国林业出版社

图书在版编目（CIP）数据

昆虫的智慧 / 杨红珍著 . — 北京：中国林业出版社，2023.1
ISBN 978-7-5219-1887-8

Ⅰ.①昆…　Ⅱ.①杨…　Ⅲ.①昆虫学—普及读物　Ⅳ.①Q96-49

中国版本图书馆 CIP 数据核字（2022）第 181879 号

插　　图　杨红珍
策划编辑　刘香瑞
责任编辑　刘香瑞　杨　洋
设计制作　大汉方圆
出版发行　中国林业出版社（100009 北京西城区刘海胡同 7 号）
　　　　　网址　http://www.forestry.gov.cn/lycb.html
　　　　　电子邮箱　36132881@qq.com　电话　010-83143545
印　　刷　北京雅昌艺术印刷有限公司
版　　次　2023 年 1 月第 1 版
印　　次　2023 年 1 月第 1 次
开　　本　710mm×1000mm　1/16
印　　张　13.5
字　　数　200 千字
定　　价　68.00 元

　　小小的昆虫随时随地都面临着各种危险，但它们却能生生不息。四亿年前，昆虫是第一批出现在陆地上的动物，比鸟类早了一亿九千五百万年，比大家都熟知的恐龙早了一亿两千万年。昆虫也是地球上最早飞上天空的动物，至今仍是这个地球上最为繁盛的类群。

　　为了很好地适应多变的环境，这些地球上的小精灵进化出了无与伦比的形态结构和功能特性：昆虫的触角不但能够辨别气味还能感知红外线，复眼不但能够看见物体还会对移动的物体进行测速；昆虫有卵、幼虫、蛹、成虫四种不同的虫态，还有很多求爱方式以保证生存和繁衍；有些昆虫甚至发展了社会生活以便更好地哺育后代；蚁狮会挖陷阱然后埋伏起来等待路过的蚂蚁，沫蝉幼虫能把自己隐藏在泡泡里，东亚燕灰蝶后翅末端形成一个假头以迷惑敌人；很多昆虫都会释放毒气和毒液，还有些昆虫惟妙惟肖地模仿了有毒昆虫……凭借这些特殊本领，它们活跃在地球的各个角落。

　　本书采用通俗有趣的语言，结合大量精美的图片，通过丰富多样的实例，带领读者去探索这些小动物在四亿年的历史长河中所发展出的神奇的生存智慧。

目录

第一章

精巧的结构

虽然昆虫形态各异，但其基本结构是相同的。昆虫的身体分为头、胸、腹三个部分。头部是感觉与取食的中心，具有口器、一对触角和一对复眼，有的昆虫还有单眼；胸部是运动的中心，具有三对足、两对翅；腹部是生殖与营养代谢的中心，包含着生殖器官及大部分内脏，产卵器、螫（shì）针、尾铗（jiá）都位于昆虫的腹部末端。只有具有这些特征的虫子才可以称之为昆虫，而我们常见的蜘蛛、蝎子、马陆、蚯蚓等"虫子"并不是真正的昆虫。

小小的昆虫，身体的结构却是精巧又美妙，各个器官都进行了五花八门的特化。形态各异的触角有助于昆虫进行通信联络、寻找食物、寻觅异性和选择产卵场所等活动，可以与人类的手机媲美了！大而突出的复眼最大限度地扩展了昆虫的视野，蜻蜓、蝴蝶、突眼蝇甚至能看见360度范围内的物体。多种类型的口器，使得几乎所有的东西都在它们的"菜单"上。翅的出现使得昆虫的活动领域不再局限于其出生地周边，可以到处去"浪"，取食范围也得到了极大的扩展，扇扇翅膀就可以去"下馆子"了；翅的特化，

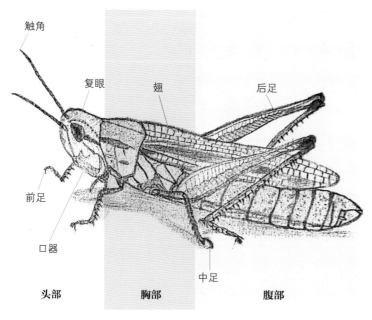

触角

复眼　　　翅　　　　　后足

前足

口器

中足

头部　　　胸部　　　　腹部

蝗虫基本结构

如蜻蜓的翅痣、双翅目昆虫的平衡棒保障了昆虫良好的飞行，而硬化的鞘翅则相当于给昆虫的身体增加了一层保护罩。昆虫的三对足主要用来行走，活动起来非常灵活，而足的形状和构造的变化，使昆虫可以生活在各种不同的环境中，具有多样的生活方式。发音器、听器、产卵器、螫针、尾铗、大颚等，这些特化的附属结构也为小小的昆虫能够在这个危机四伏的大自然中生存下来贡献了一份力量。

一、昆虫的触角

昆虫的触角就像两根"天线"一样长在头部，也像电车的两根集电杆，它们总是在左右上下不停地摆动，好像时时刻刻都在接受电波和追踪目标。

触角的基本结构

昆虫的触角由柄节、梗节、鞭节三部分组成。

柄节是触角基部的第一节，一般比较粗短，柄节内生有肌肉，可以控制触角的运动。

梗节是触角的第二节，一般较小。大部分昆虫的梗节有感觉器——江氏器，这是一种感觉最敏锐的听觉器官。

鞭节是触角第二节之后的各节的总称，鞭节常由一节到数十节组成。不同种类的昆虫，鞭节的数量不同。我们常常看到昆虫触角的鞭节在动来动去，这主要是由柄节和梗节内的肌肉运动来控制的。触角的嗅觉、听觉等感觉器官主要分布在鞭节上。

柄节　　　　　　　梗节　　　　　　　　　　鞭节

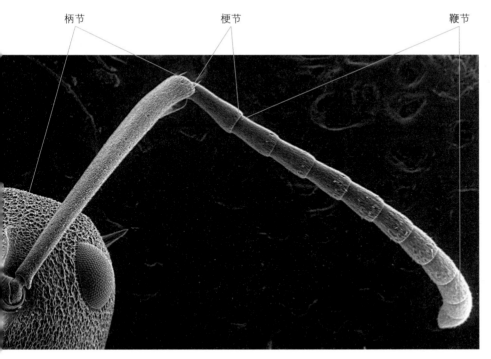

蚂蚁的触角

触角的造型艺术

触角的形状各有不同，甚至有一些十分奇特的造型。不同种类的昆虫，甚至性别不同的昆虫，触角的长短、粗细和形状都有所不同。

刚毛状：蝉、粉虱等昆虫的触角都属于刚毛状触角。触角很短，柄节和梗节较粗大，其余的节突然变短变细，像刚毛一样。

丝状：蟑螂、螳螂、螽斯等昆虫的触角属于丝状触角。触角细长，除基部两节稍粗大外，其余各节大小和形状都很相似，逐渐变细，像细丝一样。有的丝状触角很长，超过了身体的长度，甚至是体长的几倍，比如鸣虫中的扎嘴、马蛉、竹蛉等。

念珠状：白蚁的触角属于念珠状。鞭节各小节为大小相似的近圆珠形，连在一起就像一串念珠。

　　锯齿状：叩甲、泥甲、芫菁雄虫的触角都属于锯齿状触角。鞭节各小节向一侧突出，像一个锯齿，连在一起就像一根锯条。

刚毛状触角
（粉虱）

丝状触角
（螽斯）

丝状触角（竹蛉）

念珠状触角（白蚁）

锯齿状触角（泥甲）

栉齿状：某些甲虫、很多蛾类雌虫的触角都属于栉齿状触角。鞭节各小节向一侧突出成细枝，形似梳子。

羽毛状：许多蛾类雄虫的触角都属于羽毛状。鞭节各小节向两侧突出成细枝，像鸟儿的羽毛一样。

肘状：蜂类、蚂蚁等昆虫的触角都属于肘状触角，也被称为膝状触角。柄节较长，梗节细小，鞭节的各小节形状和大小相似，并与柄节呈肘状弯曲相接。

具芒状：蝇类的触角属于具芒状。触角很短，鞭节只有一节，但非常膨大，上面生有一个像刚毛一样的触角芒。

环毛状：雄蚊的触角为环毛状。除柄节和梗节外，鞭节的每一节都具有一圈细毛，越接近基部的细毛越长。

栉齿状触角（凹头叩甲）　　　　　　　栉齿状触角（美国白蛾）

羽毛状触角（乌桕大蚕蛾）

肘状触角
（切叶蜂）

肘状触角
（黄京蚁）

具芒状触角（斜斑鼓额食蚜蝇）

环毛状触角（雄蚊）

棒状：蝶类和蚁蛉的触角都属于棒状触角。棒状触角也叫球杆状触角，整体细长，近端部数节膨大，整个形状就像一根棒球杆。

棒状触角（绢粉蝶）

棒状触角
（蝶角蛉）

　　鳃状：金龟子的触角基本上都属于鳃状触角。鞭节端部几节向一侧扩展成片状，可以开合，类似于鱼鳃。

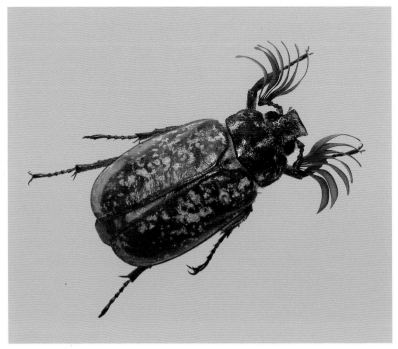

鳃状触角
（大云鳃金龟）

除了以上这些触角类型之外，还有尖钩状、剑状以及一些形状古怪得没办法起名字的触角。

剑状触角
（中华剑角蝗）

尖钩状触角
（直纹稻弄蝶）

触角的作用

通常昆虫总是在左右上下不停地摆动着自己的触角，好像两根天线或雷达时刻在接受电波和追踪目标。昆虫的触角就像我们人类的鼻子，不但可以闻到食物的味道，还能闻到同类发出的各种气味，如：菜粉蝶的触角可根据接收到的芥子油气味很快发现它的食物——十字花科植物；蛾子的触角能够闻到异性求偶时发出的性信息素的味道。

有些触角还有触觉的作用，就像一个探路者，昆虫行走的时候，先用触角在前方探明道路的情况。豆芫菁的雌雄虫交配时用触角互相摩擦。还有的触角像我们的眼睛，有些姬蜂的触角可凭借"猎物"身上散发出的微弱红外线找到它们。有些昆虫的触角还有其他作用，例如，水生的仰蝽在仰泳时，将触角展开起平衡身体的作用；水龟虫的触角可以帮助它呼吸。

二、昆虫的眼睛

昆虫一般有一对大的复眼和1~3只小的单眼。单眼非常小，主要是感知光线的亮暗，所以很少引起我们的注意。

三只单眼（蟋蟀）

而头部上方两侧大大的复眼却引人注目，虽然没有像我们人类这样的会转动的眼珠，但当你面对它的时候，你会觉得昆虫的两只复眼在紧盯着你呢。不信你看看这只螳螂。

复眼（螳螂）

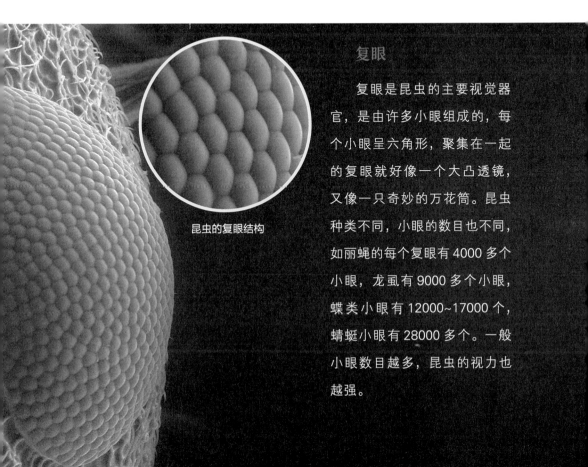

昆虫的复眼结构

复眼

复眼是昆虫的主要视觉器官，是由许多小眼组成的，每个小眼呈六角形，聚集在一起的复眼就好像一个大凸透镜，又像一只奇妙的万花筒。昆虫种类不同，小眼的数目也不同，如丽蝇的每个复眼有 4000 多个小眼，龙虱有 9000 多个小眼，蝶类小眼有 12000~17000 个，蜻蜓小眼有 28000 多个。一般小眼数目越多，昆虫的视力也越强。

复眼能够感知物体的形状和颜色。复眼不但能分辨近处物体的影像，而且还能分辨出运动的物体，同时对光的强度、波长和颜色等都有较强的分辨力，例如，蚂蚁、蜜蜂、果蝇和多种蛾类等都对紫外线敏感，蚂蚁、萤火虫等还对红外线敏感。

　　蜻蜓、豆娘和苍蝇等昆虫的复眼还能够感知物体的运动轨迹，甚至可以对物体的运动进行测速。每个小眼都有独立的光学系统和通向大脑的神经，这些小眼互相配合，把运动的物体分成连续的单个镜头来完成复眼的快速测速。

　　蜻蜓和豆娘被称为空中猎手，蜻蜓的复眼占据了头的大部分位置，而豆娘的复眼像两只小灯笼。蜻蜓和豆娘的复眼最远能看到 6 米远的物体，还可以轻松捕捉到飞行中的其他昆虫。

　　苍蝇的复眼很大，以至于把脸都快挤没了。科学家利用苍蝇复眼的成

复眼（联纹小叶春蜓

复眼（褐斑异痣蟌）

复眼（羽芒宽盾蚜蝇）

像原理研制出了蝇眼照相机，一次可拍摄 1300 多张照片；发明了蝇眼制导系统，大大提高了导弹的命中精度；还发明了空气簇射探测器，以监视整个天空的高能宇宙射线。

　　复眼还可以帮助我们判断昆虫的性别。在双翅目昆虫中，雄虫的复眼常常比雌虫的要大，而且两只复眼在头部背面连接在一起，称为接眼；雌虫的两只复眼则相互分离，称为离眼。

接眼

离眼

　　视觉对于蝴蝶是很重要的，但并不是我们想象的那样。尽管有美丽的外表，但蝴蝶却是相当近视的，而且不能判定方向。这可能就是进化中的权衡取舍：蝴蝶的视力可能不算好，但却能看见 360 度全方位的物体，无论是水平方向的还是垂直方向的，这样就可以灵巧地躲避捕食者了。

　　长胸缺翅虎甲身体狭长，头大，复眼突出，这种复眼极大地扩展了它的视野，可以看到前方、两侧、头顶，甚至后方。这不但能使它有效地找到猎物，还能很好地提防天敌的袭击。

　　突眼蝇的复眼最为神奇，不是直接长在头部，而是在头部先伸出一个长长的眼柄，复眼长在眼柄的末端，这使得它的视野更加广阔。

　　鞘翅目豉甲的每只复眼都一分为二，妥妥的有四只复眼了。豉甲在水中生活，它需要同时看清水下和水上的情况。

复眼（丽蛱蝶）

复眼（长胸缺翅虎甲）

复眼（突眼蝇）

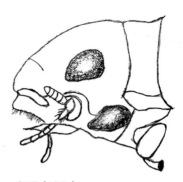

复眼（豉甲）

三、昆虫的嘴

根据食物的不同，昆虫发展出了不同形式的嘴。昆虫的嘴也被称为口器，位于头部的下方和前端，一般由上唇、下唇、舌、上颚、下颚五部分组成，只是除了咀嚼式口器还可分辨出这几部分外，其余类型都已特化变样了。由于各类昆虫食性和取食方式不同，口器的外形和构造也发生了不同的变化，形成不同的口器类型，主要有咀嚼式、刺吸式、虹吸式、舐吸式、嚼吸式等。昆虫就是靠着这些特有的多样的口器，"走四方，吃八方"，活得自在，过得滋润。

口器的造型和功能

咀嚼式口器是最基本、最原始的类型，其他类型的口器都是由这种口器演化出来的，这类昆虫主要是吃固体食物，如蝈蝈、蝗虫。它们的口器不但可以把食物切断，还能将其磨碎。

刺吸式口器主要吸食植物汁液和动物的体液，如蚊虫、螨类、蝉类。它们的嘴很像一根空心的注射针头，吃东西时，它们把这个像针头一样的口器刺入动植物表皮内就可以吸食营养了。

虹吸式口器主要是吸吮蜜露和汁液，这种口器是蝶、蛾类所特有的。它们的嘴就像可以卷曲的吸管，不吃东西时卷缩在头下，吃东西时就伸直到食物上，就如同人们用吸管喝汽水一样。

舐吸式口器吃东西时又舔又吸，比如蝇类，它的口器像个蘑菇头，中间有空槽，后面有挡板，能挡住食物不从空槽中流出来。

嚼吸式口器既能嚼碎食物又能吸吮汁液，如蜜蜂等的口器不但能嚼碎花粉，而且也能吸吮花蜜。

咀嚼式口器（蝈蝈）

咀嚼式口器（蝗虫）

刺吸式口器（齿缘刺猎蝽）

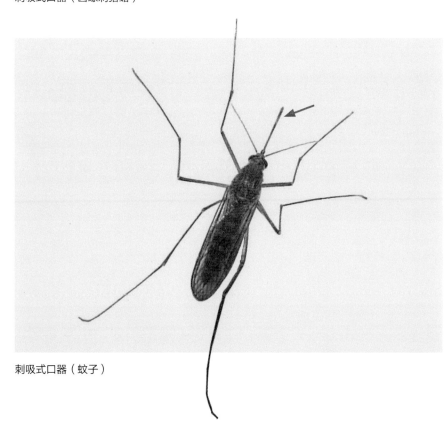

刺吸式口器（蚊子）

伸展的虹吸式口器（长喙天蛾）

卷曲的虹吸式口器（网丝蛱蝶）

舐吸式口器（大头金蝇）

嚼吸式口器（蜜蜂）

四、胸部三对足

昆虫有三对足，都长在胸部，一对长在前胸，一对长在中胸，一对长在后胸，分别叫前足、中足和后足。由能活动的关节和发达的肌肉相互连接。

昆虫的三对足主要用来行走，活动起来非常灵活，但由于昆虫的生活环境和生活方式不同，所以足的形状和构造也发生了不少变化，以适应爬、跳、捕、挖、携、游等多种运动方式。

足的造型和功能

步行足是最常见的，比较细长，适于行走，如步甲、虎甲的足。

捕捉足是由前足特化而成的，像一把折刀，很适于捕捉猎物，如螳螂、螳蛉、捕食性蝽类的前足。

跳跃足一般由后足特化而成，腿节特别发达，胫节细长。由于肌肉的作用，使折于腿节下的胫节突然伸直，昆虫身体因而向前

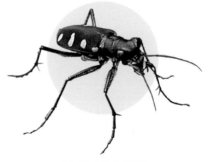

步行足（金斑虎甲）

和向上跃起，如蝗虫、螽斯、蟋蟀的后足。跳蚤可以说是最能跳的，它跳跃的高度可达其体长的数十倍，大概是全世界最厉害的跳高"健将"了。

游泳足是生活在水中的昆虫特有的，后足生有细长的缘毛，当足向前划动时，缘毛张开有助于向前运动，如龙虱、仰泳蝽的足。

开掘足一般由前足特化而成，特点是粗壮短扁，像一把铲子，末端还有坚硬的齿，便于掘土，如蝼蛄和一些金龟甲的前足。

携粉足是由后足特化而来，很像携粉筐，如蜜蜂、熊蜂的后足。

攀缘足是指前足像一把钳子，可以牢牢地夹住寄主的毛发，如虱子的足。

步行足（丽步甲）

捕捉足（螳蝎蝽）

捕捉足（螳螂）

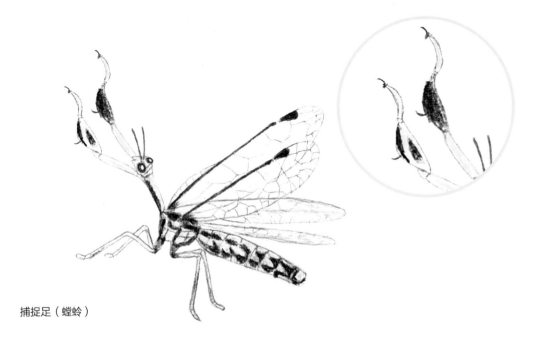

捕捉足（螳蛉）

跳跃足（蝗虫）

跳跃足（螽斯）

跳跃足（跳蚤）

游泳足（龙虱）

游泳足（仰泳蝽）

开掘足（蝼蛄）

携粉足（蜜蜂）

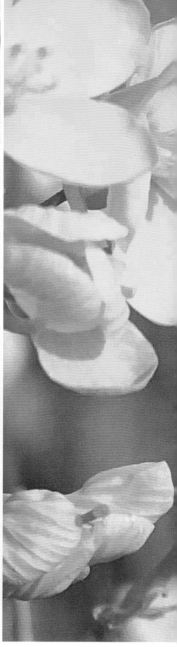

携粉足（蜜蜂）

攀缘足（虱子）

五、胸部两对翅

　　昆虫有两对翅，生长在中胸的一对翅叫前翅，生长在后胸的一对翅叫后翅。大多数昆虫的翅都是胶质而透明的。翅的出现，使得昆虫成为最早占领空间的动物。昆虫为了生存和繁衍后代，其迁移飞行能力也是十分惊人的，蜻蜓能够持续飞行数百千米而不着陆。迁移最远的昆虫是苎麻赤蛱蝶，从北非到冰岛，有 6436 千米之遥。昆虫的群飞也是它们的一大绝技，无论池塘岸边的蚊子、蜉蝣的群飞，还是令人恐惧的蜂群袭来；无论是蜻蜓空中优美的群舞，还是蝗群乌云蔽日般铺天盖地而来，都各有特色。

翅的造型艺术

　　昆虫的翅主要是为了飞行，但在四亿年的演化过程中也发生了很多适应性的变化。

膜翅薄而透明，翅脉非常清楚，例如蝉类、蜂类、蜻蜓的翅。

鳞翅的质地为膜质，翅面上覆盖着一层带不同颜色的各种鳞片，例如蛾类、蝶类的翅。

毛翅的质地为膜质，翅面各部位生有疏密不同的许多细毛，例如石蛾的翅。

缨翅质地为膜质，翅脉退化，边缘着生很多细长的缨毛，例如蓟马的翅。

覆翅质地较厚似皮革，半透明，不但能飞行而且兼有保护作用，平时完全盖在后翅上，例如螳螂、蝗虫、螽斯、蟋蟀的前翅。

半覆翅，部分革质部分膜质，翅折叠时对身体起到保护的作用，如大部分竹节虫的后翅。

鞘翅坚硬，仅用来保护背部和后翅，如鞘翅目昆虫的前翅。

半鞘翅，基半部为皮革质，端半部为膜质有翅脉，例如蝽象的前翅。

平衡棒是双翅目昆虫后翅退化而成的细小的棒状物，在飞翔时起平衡身体的作用，例如蚊、蝇等的后翅。

膜翅（广翅蜡蝉）

膜翅（蜜蜂）

膜翅（蜻蜓）

鳞翅（点玄灰蝶）

鳞翅（柞蚕）

毛翅（石蛾）（常凌小摄）

缨翅（西花蓟马）

覆翅（螽斯）

半覆翅（杆蟠）

鞘翅（龟甲）

半鞘翅（斑须蝽）

平衡棒（大蚊）

六、其他特化的结构

为了活下去，聪明的昆虫还进化出了很多有利于生存的附属结构。

大牙

　　雄性锹甲头上有两只专门用来打斗的大牙。无论是争夺食物、驱逐入侵之敌，还是在路上偶遇其他甲虫或小动物时，锹甲都会举起那两只大牙，英勇搏斗，绝不退让。有些锹甲的大牙居然比身体还要长。相比之下，雌锹甲的头部没有长大牙，性情也比雄锹甲温和很多。

大牙（长颈鹿锯锹）

犄角

独角仙头上长着一只大角，形状如同鹿角，这个奇特的角的长度几乎是其身体长度的一半，显得非常神奇而怪异。这只大角也是为了雄性之间争夺配偶来打架用的，不过，独角仙并非真正的独角，在它的前胸背板上还有一个像鹿角叉一样的小角，与头上的独角前后"呼应"，显得非常雄壮而威武。

犄角（独角仙）

四足

我们知道，昆虫有六只足，但有时候我们会惊奇地发现，有的蝴蝶只有四只足。这不是我们眼花了！其实，大多数蛱蝶（蛱蝶科昆虫的总称）都只有四只足，这是因为蛱蝶的两只前足已经不再用于行走了，而是用来清洁触角和尝试食物的味道，所以就缩在了胸前。

四足（白带锯蛱蝶）

四足（黄钩蛱蝶）

加长版前足

　　长臂彩虹天牛是一种热带美洲的大型甲虫。名字中的"长臂"指的是雄性长臂彩虹天牛的两只前足达到了整个身体长度的两倍以上。这么长的前足除了吸引异性外还可用来开路，便于它在树枝间穿梭。虽然体表的颜

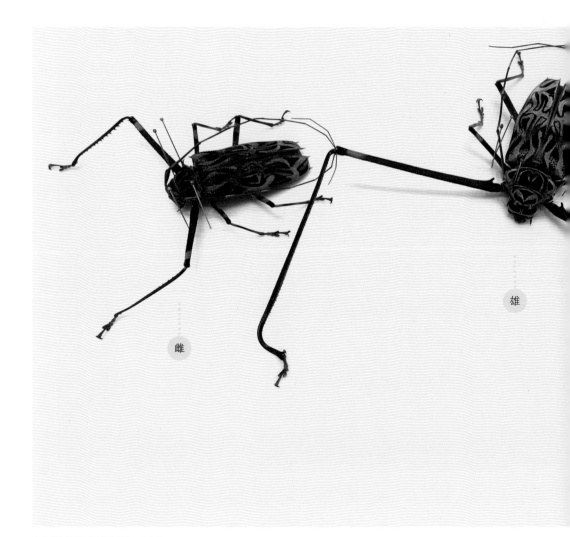

雌

雄

加长版前足（长臂彩虹天牛）

色看上去比较醒目，但长臂彩虹天牛总能在被地衣和真菌覆盖的热带林木的树干上找到藏身之处。

　　国家二级保护野生动物阳彩臂金龟雄虫也有延长的前足，事实上，臂金龟科的雄虫都有前足加长的特征。

加长版前足（阳彩臂金龟）

产卵器

雌性昆虫的外生殖器称为产卵器，是雌虫用以交配和产卵的器官的统称。根据产卵方式和产卵场所的不同，产卵器的构造、形状和功能也有不同的特化。蝈蝈、灶螽的产卵器像一把利剑一样可以插入地下产卵；蟋蟀、竹蛉的产卵器像一支长矛，可以插入土中或植物组织中产卵；纺织娘的产卵器像一把军刀，末端尖锐；日本条螽的产卵瓣宽短，呈镰刀形向上弯曲；茧蜂的产卵器细长，末端尖，产卵时可刺破昆虫的皮肤将卵产在其身体内。

产卵器（灶螽）

产卵器（竹蛉）

产卵器（日本条螽）

产卵器（茧蜂）

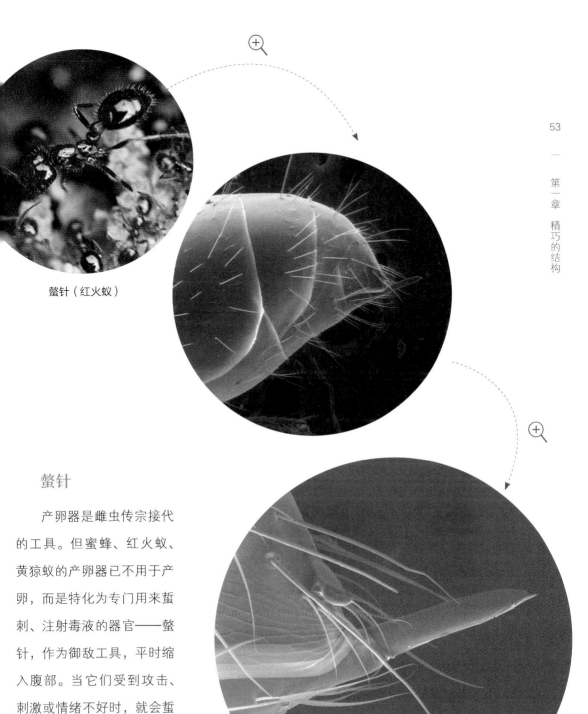

螯针（红火蚁）

螯针

产卵器是雌虫传宗接代的工具。但蜜蜂、红火蚁、黄猄蚁的产卵器已不用于产卵，而是特化为专门用来螫刺、注射毒液的器官——螯针，作为御敌工具，平时缩入腹部。当它们受到攻击、刺激或情绪不好时，就会螫刺。螫刺时异常凶狠，快速将螯针刺入对方的体内。

呼吸管

蝎蝽并不像负子蝽那样成天重复潜水和换气的工作，为了专注于伪装与狩猎，它们在腹部末端进化出超长呼吸管，把"管子"伸出水面，就可实现"呼吸自由"。

呼吸管（中华螳蝎蝽）

尾铗

蠷蝮雄虫的尾铗用于捕食、防卫或交尾时起抱握作用。蠷蝮种类不同，尾铗的形状也不同。尾铗也是判断蠷蝮种类的一个指标。

尾铗（蠼螋）

尾丝

　　蜉蝣幼虫的尾丝在水中具有辅助游泳的作用。游泳能力较强的种类往往中尾丝两侧密生细毛，尾丝的内侧长有细毛，相邻的细毛交织成网状而使尾丝具有桨的功能，在游泳时产生动力。

尾丝（蜉蝣）

第二章

多变的形态

为了适应各种复杂的环境，同一种昆虫也不是长得都一样，它们在形态上有很多不同的变化，甚至看起来几乎完全不同，常被人当作不同的物种。

一、雌雄异型

同一种昆虫雌性和雄性的形态存在明显的差异，这种现象也叫性二型。雌雄异型在昆虫界中很常见，鞘翅目犀金龟类、锹甲类、鳞翅目某些蝶类、叶蝤类、竹节虫类等，雌雄成虫在体型和形态上都有很大的差异。

锹甲、金龟、蜣螂等鞘翅目昆虫，雌性长相平淡无奇，而雄性的头部和前胸部具有各种特化的角。

雌

雄

茶色长臂金龟

雌

雄

金绿长脚金龟

雌

雄

两点赤锯锹

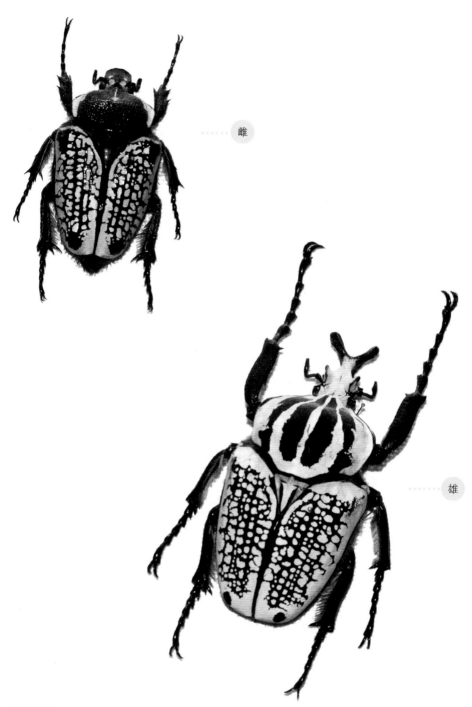

雌

雄

大王花金龟

雌

雄

印尼金锹

雌

雄

裳凤蝶

交尾

雌 ·······

雄 ·······

绿鸟翼凤蝶

雌

雄

玉带凤蝶

竹节虫和叶䗛雌性和雄性在形态上有
一定的差异，个体大小也有一定的差异。

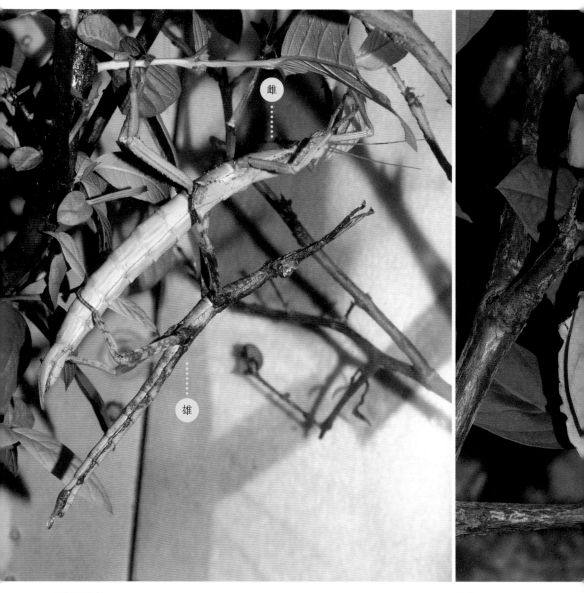

绿椒竹节虫

叶䗛

雌　雄

二、多色型

　　很多昆虫都会有不同的体色，是为了适应不同的生活环境，也有的昆虫随着季节不同体色深浅有所变化，这跟温度变化有关。瓢虫是色型变化最丰富的类群，异色瓢虫、二星瓢虫、龟纹瓢虫、六斑月瓢虫等瓢虫鞘翅上的色彩和斑纹都有很大的变化。不过，变化最大的是异色瓢虫，它的鞘翅有上百种色彩和斑纹。小青花金龟和乌干达花金龟也有多种色型。

异色瓢虫

异色瓢虫

小青花金龟

乌干达花金龟

三、变态

在昆虫的成长过程中，形态特征发生了几个明显的变化。我们知道，昆虫的生命是从卵开始的，然后再经过一系列复杂的过程，最后才变成成虫。昆虫的这种从卵发育为成虫的过程，在学术上被称为"变态"。尽管所有的昆虫都要经过变态才能成长为成虫，但不同的昆虫变态的方式不大相同。昆虫的变态方式大致分为四大类：完全变态、不完全变态、原变态和表变态。

（一）完全变态

美丽的蝴蝶其实是蝶类昆虫一生中的最后一个阶段，即成虫阶段。无论多么婀娜多姿，它们也只有一个多月的美好时光。蝴蝶属于完全变态昆虫，它的一生要经历四个不同的形态：卵、幼虫、蛹和成虫。蛹是幼虫至成虫的过渡阶段，只有完全变态昆虫才会经历蛹的阶段。经过了蛹期的蜕变和转化，丑陋的毛毛虫就会变成美丽的蝴蝶。形态各异的毛毛虫变成绚丽多姿的蝴蝶，而承前启后的蛹也是千姿百态。

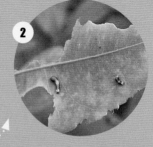

1~2 龄幼虫

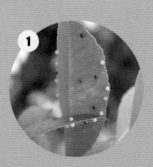

卵

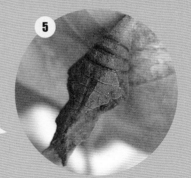

5

蛹

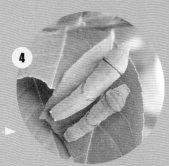

4

4~5 龄幼虫

3

3 龄幼虫

6

成虫

花椒凤蝶

家蚕属于鳞翅目蛾类昆虫。蛾类昆虫的幼虫在化蛹之前会先结茧将自己包裹起来。在茧壳的保护下，安全度过不食不动、毫无抵抗能力的蛹期，然后羽化为美丽洁白的蚕蛾。蚕蛾破茧而出以后，不吃不喝，一两天后进行交配、产卵。刚孵出的幼虫身体黑色，跟蚂蚁很像，所以又叫"蚁蚕"，在吃桑叶的过程中逐渐长大，在一个月内要蜕四次皮，每蜕一次皮，它就长大一些。等到全身发亮，呈半透明状时，它便开始吐丝做茧。

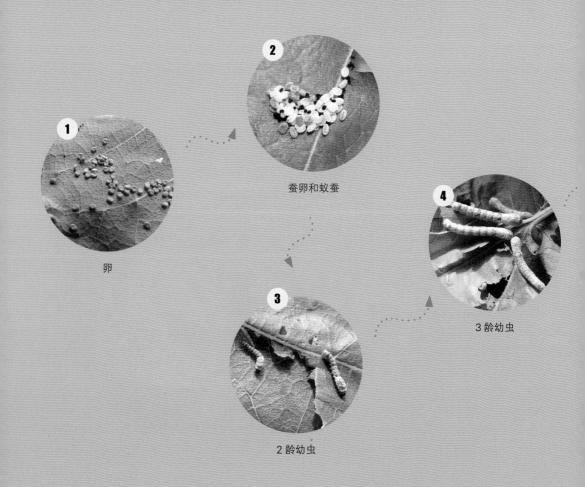

卵

蚕卵和蚁蚕

3 龄幼虫

2 龄幼虫

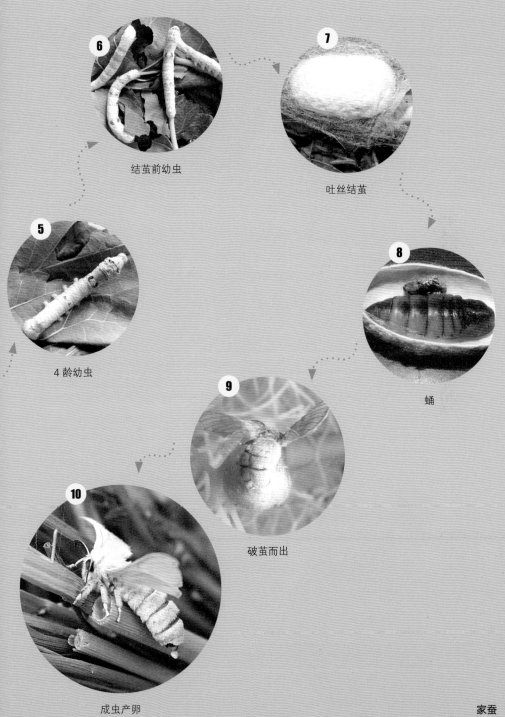

结茧前幼虫

吐丝结茧

4 龄幼虫

蛹

破茧而出

成虫产卵

家蚕

草蛉的成虫就像缩小版的蜻蜓，所以，人们亲切地称它为草蜻蛉，或者草蜻蜓。草蛉的卵在昆虫中是较特殊的，除少数种类外，大部分的卵都有一条长长的丝柄，丝柄基部固定在植物的枝条、叶片、树皮等上面，而卵则高悬于丝柄的端部，这样便可躲避天敌的侵袭。刚孵出的幼虫身体柔软，需要在卵壳上停留一段时间，等到身体变硬、变结实后再顺着那个细细的丝柄滑下来。幼虫是名副其实的捕蚜高手，也被称为"蚜狮"。在消灭蚜虫的时候不断成长，幼虫一般有3龄，老龄幼虫停止捕食，在植物叶子的背面作茧化蛹，再经过八九天的时间，草蛉成虫就会破茧而出。

1 卵

2 幼虫

3 蛹

4 成虫

草蛉

七星瓢虫以其个体较大、色彩艳丽而著称。它长得像半个小圆球，具有坚硬的翅，颜色鲜艳，上面有对称的 7 个黑斑，讨人喜爱，所以有"红娘""花大姐"等美称。七星瓢虫主要以蚜虫为食。它们以成虫过冬，常躲在小麦和油菜的根茎间，或者钻进向阳的土块下、土缝中。第二年 4 月，当气温超过 10 摄氏度，便会苏醒过来，开始新一年的"为民除害"。七星瓢虫的幼虫也十分爱吃蚜虫，而且十分凶猛。幼虫长有一对尖利的大牙，它一闯入蚜虫群中，就开始大口撕咬。为了使子女一出生就口粮充足，七星瓢虫会专门在那些有蚜虫的植物叶片上产卵。

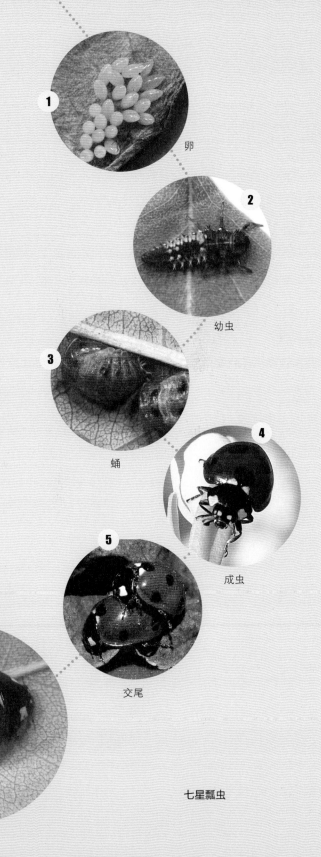

1 卵

2 幼虫

3 蛹

4 成虫

5 交尾

6 产卵

七星瓢虫

（二）不完全变态

有些昆虫一生只经过卵、幼虫、成虫三个阶段，不经历蛹的阶段，这类变态方式称为不完全变态。其实在不完全变态这一大类型中，又可以分为渐变态、过渐变态和半变态三种类型。

1. 渐变态

斑衣蜡蝉被人们亲切地称为花姑娘、花蹦蹦儿。不过，刚孵化出来的若虫并不是很漂亮，而是有点庄严，从头到脚全身黑色，只是点缀着一些白色的小点；蜕两次皮以后，除了腿脚之外，穿上了红底并镶嵌白点和黑纹的小花衣；等它发育为羽翼丰满的成虫时，就会穿上蓝灰色的外衣（这是它的前翅），内衬是镶有黑点的鲜艳的红色，飞行时便会露出艳丽的后翅，甚是美丽。斑衣蜡蝉雌成虫会在树干上产下一连串的卵宝宝，为了保障卵宝宝能够顺利越冬，雌成虫产卵后，还会排出大量的黏液覆盖在卵粒上。经历漫长的冬季以后，第二年的4~5月卵宝宝开始孵化，新的一代开始了。

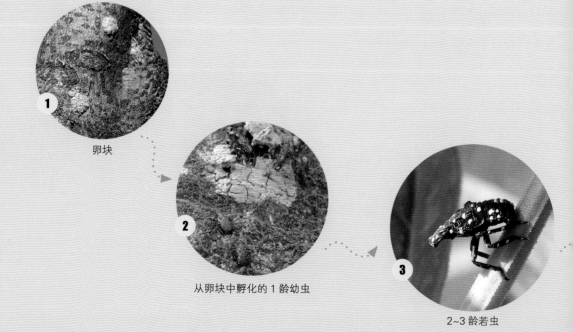

1 卵块

2 从卵块中孵化的 1 龄幼虫

3 2~3 龄若虫

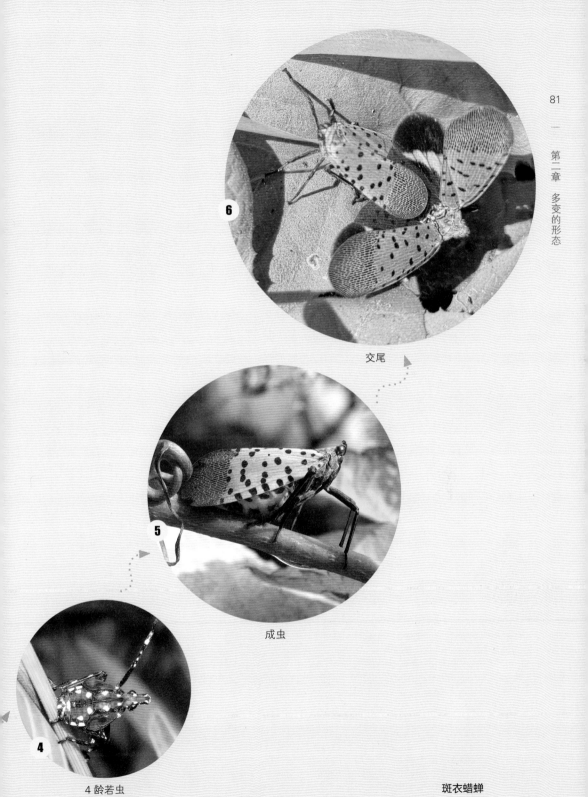

6

交尾

5

成虫

4

4 龄若虫

斑衣蜡蝉

蚱蝉若虫在暗无天日的地下经过了几个甚至十几个春秋后，终于可以扬眉吐气了。在夏季阳光暴晒、久经践踏的道路上，会发现很多与地面相平的圆孔，大小如一角硬币。若虫就是从这些圆孔里爬出的。老熟若虫钻出地面以后，寻找离它们最近的树木，顺着树干往上爬，找到自己满意的位置后便停下来，准备蜕皮。它的皮开始由背部裂开，头先出来，接着是前足，然后是中后足与褶皱的翅，最后除了腹部末端，几乎整个身体完全从壳中蜕化出来，悬在半空中。过十几分钟之后，它会腾空而起，用足抓住空壳，然后把尾部全部从壳中抽出来，把身体吊在空中。刚出来的时候翅膀是卷曲的，由于重力作用翅膀开始慢慢舒展，直到轻纱般的薄翅完全舒展。蜕完皮之后，蚱蝉便沿着树干继续往上爬，一直爬到高处的树枝上。蝉基本上在夜间蜕皮，等到第二天早上，就蝉去壳空了。

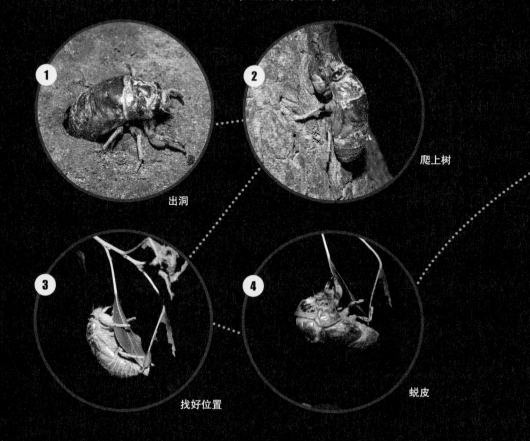

1 出洞

2 爬上树

3 找好位置

4 蜕皮

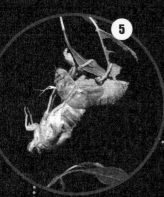

5

蜕皮过程

6

展翅

7

展翅过程

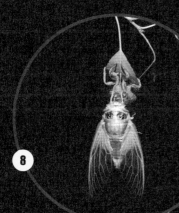

8

翅完全舒展

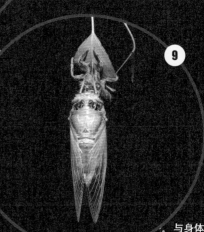

9

与身体贴合

蚱蝉

1

卵

2

若虫孵化

3

若虫

螳螂

2. 过渐变态

缨翅目、同翅目中的粉虱科和雄性介壳虫的变态也类似于渐变态，不过它们的变态过程比渐变态稍微特殊一些，或者说更加复杂一些。当它们从末龄幼虫转变为成虫前要经历一个不吃不动的时期，类似于完全变态的蛹期，不过并不是真正的蛹，我们称之为伪蛹。具有伪蛹阶段的变态方式称为过渐变态。可见，过渐变态是不完全变态向完全变态演化的过渡阶段。

3. 半变态

蜻蜓目昆虫的幼虫（稚虫）生活在水中，而成虫在陆地生活，稚虫期和成虫期在形态、呼吸器官、取食器官等方面的差别较大。这种变态方式称为半变态。

蜻蜓用尾巴一点一点地在水面上点水，将卵产在水中。卵在水中孵化为稚虫，稚虫在水里生活。蜻蜓的稚虫又名水虿（chài）。水虿既没有翅又没有尾巴，身体扁而宽，跟成虫期的蜻蜓一点都不像，而且用鳃呼吸。水虿在成长的过程中，身体要经过十多次的蜕皮，不过到了末龄期就不能用鳃呼吸了，因为它们要为羽化做准备，会爬到岸边的石头上或者水草枝上，不吃也不动，胸部逐渐长出翅芽并不断膨胀，腹部慢慢变细，最后羽化为可以自由飞行的蜻蜓。晚唐诗人韩偓的《蜻蜓》贴切、细腻地刻画了蜻蜓的形态、行为："碧玉眼睛云母翅，轻于粉蝶瘦于蜂。坐来迎拂波光久，岂是殷勤为蓼丛。"

低龄水虿

快要羽化的水虿

水虿蜕皮

蜻蜓成虫

（三）原变态

"朝生暮死"的蜉蝣其实并不是古代人认为的短命鬼，它们的幼虫在水中可以生活 1~3 年的时间。不过蜉蝣的变态方式比较特殊，一生经历卵、幼虫（稚虫）、亚成虫和成虫 4 个时期。亚成虫期是一个短暂的时期，外形与成虫相似，性已成熟，也具备飞行能力，不过还得再蜕一次皮才能成为真正的成虫。这种变态方式称为原变态，是蜉蝣目独特的变态方式。

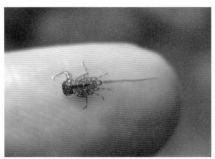

低龄蜉蝣稚虫

蜉蝣稚虫蜕皮

高龄蜉蝣稚虫

蜉蝣成虫

（四）表变态

以书籍为家的衣鱼，在成长的过程中，其幼虫和成虫在外表上无显著差异，腹部体节数目也相同，只是个体在不断长大、性器官逐渐成熟、触角及尾须节数不断增加，而它发育最大的特点就是到了成虫期还要继续蜕皮。这种变态称为表变态。弹尾目、缨尾目、双尾目昆虫属于这种变态方式。

在各类变态中，不完全变态和完全变态这两种方式是现存昆虫中非常普遍的变态方式。完全变态是最为进化的一种类型，地球上80%以上的昆虫种类都属于这种变态方式，因为它们的成虫和幼虫在食性、生活习性、生存环境等方面都完全不同，这便大大避免了同种昆虫对食物资源及活动空间等方面的竞争，从而获得了比其他变态类型的昆虫更优越的生存方式。在卵、幼虫、蛹、成虫这几个完全不同的虫态中，只要有一种虫态还存在，昆虫就不会灭亡。即使在寒冷的冬季，其他虫态都冻死了，但总有一个虫态能够经得住低温的考验，等待来年春季复苏。这也是昆虫能够在地球上如此繁盛的一个原因。

第三章

神奇的伪装

小小的昆虫随时随地都面临着危险，但它们却能生生不息地繁衍下来，至今仍是地球上最为繁盛的类群。它们是如何保护自己的呢？

在与大自然长期的斗争过程中，昆虫进化出了一种生存绝技，那就是"伪装"。通过一系列巧夺天工的"伪装"手段，与天敌斗智斗勇，求得一席生存之地。

一、保护色

对小小的昆虫来说，隐身于环境中无疑是一件很有利的事情，最晚在中石炭纪，昆虫就演化出了保护色（也称隐蔽色），身体的颜色同它们生活环境中的背景颜色极为相似，以迷惑捕食者。

蝗虫

蝗虫简直把隐身术发挥到了极致，生活在草丛等绿色植物上的蝗虫体色是绿色的，而经常在土壤表面活动的蝗虫，身体颜色又接近黄土的颜色。有些蝗虫在长期的进化过程中，还发展了保护色和警戒色混合使用的技巧，它们具有鲜红色的后翅，当它们停歇的时候，后翅被绿色的前翅遮盖，体色与环境色浑然一体，但如果不幸被天敌发现，它们就会迅速逃离，此时，它们的前后翅会突然张开，露出鲜红色的后翅，吓天敌一跳，在天敌愣神的时候，它们已经跳跃到另外一个地方，收拢翅膀，隐身其中了。

蝗虫的保护色和警戒色

保护色（蝗虫）

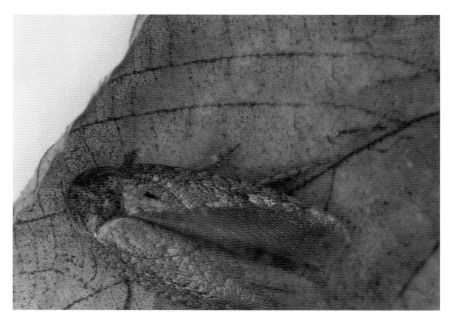

保护色（蟑螂）

蟑螂

蜚蠊目昆虫统称蟑螂，我们在厨房常见的蟑螂，只是蜚蠊目昆虫中很少的几种，事实上，全世界蜚蠊目昆虫大约有 4500 多种，它们大部分都生活在野外，而且蟑螂在距今大约 3.5 亿年前的石炭纪以前就出现在地球上了，且在 3.5 亿多年的时间里，它们的外部形态没有什么变化，这说明它们具有极强的生命力，其中，能够有效地躲避敌害也是非常重要的。蟑螂的前翅上有明暗相间的条纹，这种条纹很好地模拟了野外环境的一些植物，有些蟑螂的体色也与环境颜色极其接近，这种原始的隐蔽色之所以能一直延续到现在，说明它能有效地避免被捕食者发现。

蟪蛄

蟪蛄是一种体型比较小的蝉，也是一年中最早鸣叫的蝉。蟪蛄喜欢居住在离地面比较近的树干上，不像蚱蝉爬那么高，它的鸣声也没有蚱蝉那么响亮，不知道是因为怕被地面的捕食者发现，还是因为它本身个头就小，所以鸣声也不大。为了生存，蟪蛄进化出了非常完美的保护色，它的身体和翅膀上都布满了色斑和网纹，这些都跟树皮的颜色和纹理非常接近，粗心的"猎手"是很难发现它的。

保护色（蟪蛄）

纵灰尺蛾

蛾类在森林中也面临着严重的生存压力，鸟类是它们的天敌。因此，在森林中的蛾类大部分体色都是暗灰色的，这样可以很好地隐藏起来。纵灰尺蛾整个身体颜色与树皮的颜色极为接近，它们大多数时间停歇在树干上一动不动，所以，不仔细看，还真找不到它们。

保护色（纵灰尺蛾）

蜉蝣幼虫

经过长达 3 亿多年的进化，小蜉蝣拥有了完美的保护色，它们的体色也跟水底石块的颜色非常接近，扁扁的身体贴在水底或石壁上一动不动，天敌很难把它们辨认出来。

保护色（蜉蝣幼虫）

二、拟态

有一些昆虫会模仿其他一些生物的长相，是为了在被模拟生物的庇护下，能够更好地生存。这便是昆虫界著名的"拟态"现象，这也是昆虫保护自己的一种方式。

尺蠖

尺蠖又名吊死鬼儿，因为它常挂在半空中，身体又是细长的，在风中一摆一摆的，怪吓人的。走路的时候，尺蠖有自己的特色，像丈量土地的尺子。休息的时候，依然有自己的个性，它用身体后部的足抓牢树枝，然后将身体倾斜伸直，不仔细看还以为它也是一根树枝呢。

拟态（尺蠖）

玉带凤蝶幼虫

　　玉带凤蝶的幼虫简直将"拟态"运用到了极致，称它为"拟态高手"一点都不为过。为了保护自己，它们可算是煞费苦心啊！2~3龄幼虫的长相可不敢恭维，虫体黑褐色，并有白色的斜带纹，而且虫体看着黏糊糊的，乍一看还以为是鸟粪呢。因为鸟儿是这些幼虫的天敌，所以它们就把自己模拟成鸟粪，从而逃过一劫。但是，它们小的时候模拟鸟粪的确很像，要是长大了再假装鸟粪，那就有点不真实了，要知道，玉带凤蝶的老熟幼虫体长可达48毫米呢，这么巨大的"鸟粪"，就糊弄不了鸟儿啦。所以玉带凤蝶在第四次蜕皮后，就像变魔术一样，变成了鲜艳的黄绿色，后胸两侧还有蛇形眼线纹，而且头部特别大，就像蛇头一样。一旦受到惊吓，它们就会抬起"蛇头"，头上突然伸出两条红色的触须，很像蛇信子，还能发出一种怪味，不把敌人吓走才怪呢。

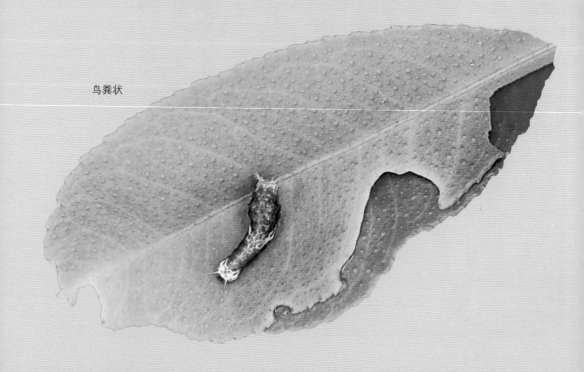

鸟粪状

蛇头状

"吐信子"

拟态（玉带凤蝶幼虫）

枯叶蝶

枯叶蝶双翅的正面色彩艳丽，飞舞时闪耀着紫蓝色或淡蓝色光泽，当枯叶蝶落在树叶上停歇时，其前后翅竖起来，露出翅的反面，其颜色和形态都特别像一片枯叶，而且从前翅顶角到后翅臀角处有1条深褐色的横纹，就像树叶的中脉，另外在横线周围还有一些细纹，类似于枯叶的支脉，甚至在"叶缘"还有霉斑或者蛀孔，而后翅末端的尾突完美地模仿了枯叶的叶柄。

枯叶蝶正面

拟态（枯叶蝶）

东亚燕灰蝶

东亚燕灰蝶的后翅末端巧妙地模仿了自己的头部，有突起的尾突，看上去跟头部的触角一样，假触角还一动一动的，跟真的非常相似，并且还有黑色的假复眼。小鸟会误以为这是头部，没想到却叼了一块翅膀，而东亚燕灰蝶则趁机逃之夭夭。

拟态（东亚燕灰蝶）

螳螂

  植食性昆虫隐身于环境中，是为了免遭捕食者的伤害，而像螳螂这样凶猛的捕食性昆虫也会隐藏自己，却是为了蒙蔽猎物，静静地等待猎物送上门来，然后伸出那带刺的像铡刀一样的前足，迅速抓住猎物。很多螳螂都能与周围环境巧妙融为一体，经常生活在绿叶中的螳螂，它们的体色通常为绿色，而那些经常生活在褐色树干上的螳螂，它们的体色通常为褐色。为了能够更好地隐身于环境中，除了在体色上融于环境之外，许多螳螂还发展了形态上的模仿。

隐身于环境中的螳螂

拟态（兰花螳螂）

兰花螳螂：能够成功地模仿一朵兰花，不仅颜色和花色一样，而且三对足也相应特化成扁平状，腹部向上翘起，怎么看都像兰花的花瓣。

拟态（枯叶螳螂）

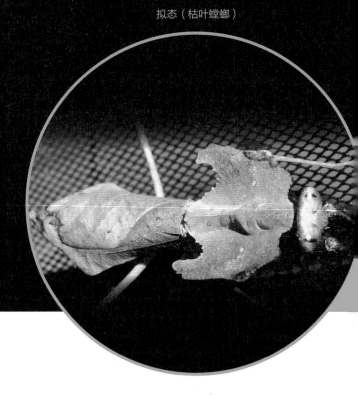

枯叶螳螂：静止不动的枯叶螳螂看上去就是一片枯叶，几乎可以和树叶完全融合在一起。

树枝螳螂: 为了能够更好地融入满是树枝的环境, 竟然特化成了一根树枝的样子。

拟态（树枝螳螂）

竹节虫的卵藏在粪便里

竹节虫和叶䗛：它们属于䗛目中的两类不同的成员，竹节虫完美地模仿了竹节和"树枝的形状"，被称为行走的树枝。叶䗛在静止时简直和真正的叶子一模一样，除了身体上有叶脉一样的纹路，身体的边缘甚至还有叶缘枯萎的造型，身体的颜色也使它们完美地融入自然环境中。如果有风吹来，这两类昆虫也会像树枝和叶子一样来回摆动。竹节虫中的瘤䗛也是伪装高手，不但长得像一根枯树枝，而且可以和树皮完美地融合在一起。竹节虫产的卵跟竹节虫的粪便混在一起，两者颜色和大小也差不多，卵藏在众多的粪便里慢慢孵化。

拟态（瘤䗛）

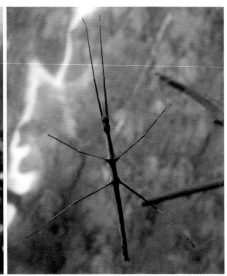

拟态（竹节虫）

拟态（叶䗛）

角蝉：角蝉又叫刺虫，它会模仿植物的刺或突起。几只或十几只角蝉停栖在同一根树枝上时，它们还会等距排开，看上去就如同真正的刺一样，这样就可以骗过天敌了。有些角蝉还有一些更夸张的突起，似乎在提醒天敌：我是一种难吃的带刺的果子。

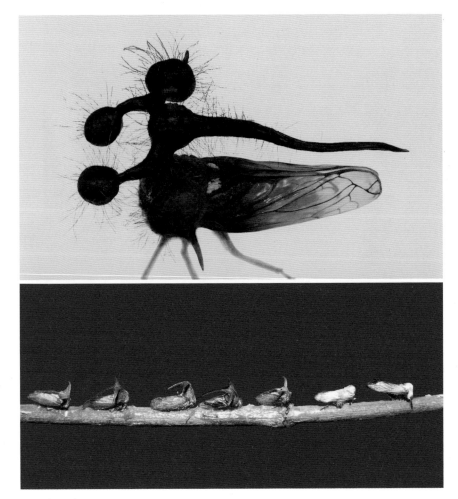

拟态（角蝉）

提灯蜡蝉

提灯蜡蝉又名鳄鱼虫，它的头部肿大，很像鳄鱼的头。这个造型会起到恐吓的作用，使天敌不敢轻易地捕食它。它的体色本身就是跟生活环境类似的保护色，当它被捕食者发现而奇怪的头部也起不到恐吓作用时，会打开前翅，露出后翅的一对大眼斑，这双模仿高等动物眼睛的眼斑又为提灯蜡蝉赢得一线生机。

拟态（提灯蜡蝉）

海南杆蝽猎蝽

我们都知道，猎蝽是一类非常凶猛的捕食性昆虫，刺吸式口器非常锋利，它们的长相也各具凶猛的特色，但有一种猎蝽却偏偏长成了竹节虫的模样，细长的身体，细长的足，为了更像竹节虫，甚至连双翅都退化了。它就是海南杆蝽猎蝽。科学家分析，可能这种昆虫变身是为了减少被猎物发现的机会，以便捕食更多的猎物，它们只要静静地待在原地“守株待兔”就好，不用费劲地跑来跑去寻找猎物。

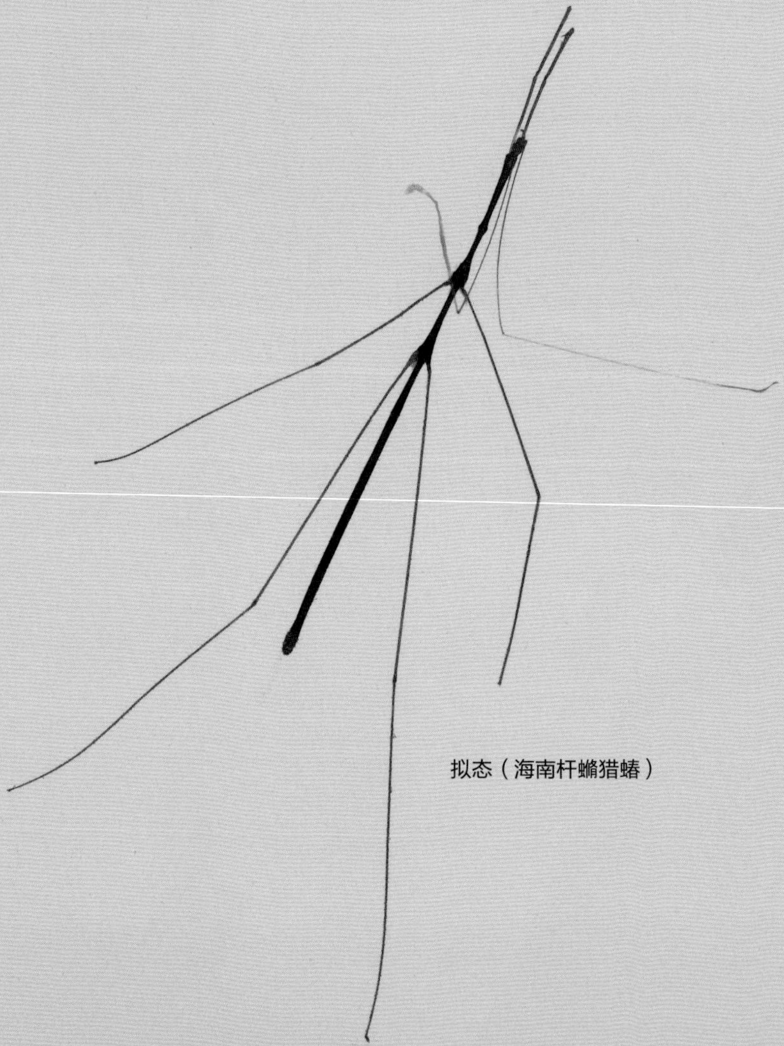

拟态（海南杆蝽猎蝽）

蛇头蛾

　　乌桕大蚕蛾、冬青大蚕蛾也被称为蛇头蛾，因为它的前翅前端向外明显地突出，很像蛇头，呈鲜艳的黄色，而且上面还有一枚黑色圆斑，就像是蛇的眼睛，有恫吓天敌的作用。

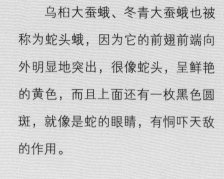

拟态（乌桕大蚕蛾）

鸟粪象甲

　　凹凸不平的外壳，黑白相间的色彩，紧贴着树干或者树叶，这造型巧妙地模仿了鸟儿的粪便。不仅如此，当其他动物接触到它时，它还会巧妙地掉落，很像一坨粪便掉在地上。

拟态（鸟粪象甲）

三、警戒色

具有警戒色的昆虫,在遇到捕食它们的天敌时,会突然露出吓人的一面,仿佛在警告敌人:我可不是好惹的。

蝴蝶

有一些蝴蝶翅膀的正反面色彩不同。蝴蝶停歇的时候,双翅合在一起竖在背上,这时候我们看到的是翅的反面,而当蝴蝶展翅飞舞的时候我们看到的是翅的正面。同样,蝴蝶的天敌看到的也是如此。

孔雀蛱蝶、美眼蛱蝶和翠蓝眼蛱蝶的前后翅正面都有大大的眼斑,但眼斑的数量有所不同。孔雀蛱蝶和美眼蛱蝶,每个翅各有 1 个眼斑,共有 4 个,镶嵌在红色或黄色的翅上,非常漂亮。而翠蓝眼蛱蝶,每个翅有 2 个眼斑,共有 8 个,点缀在蓝色的翅上,优雅而大气。因此,它们也成了很多蝴蝶爱好者争相收藏的蝶种,但是它们的眼斑却是保护自己的一种手段。试想,当你突然看见那么多只眼睛盯着你,是不是也会吓一跳呢?

警戒色（孔雀蛱蝶）

警戒色（美眼蛱蝶）

警戒色（翠蓝眼蛱蝶）

斑衣蜡蝉

　　斑衣蜡蝉的前翅灰褐色，上面还有一层白色的蜡质，并不起眼。不过，它的后翅却非常艳丽，基部鲜红色，上面点缀着7~8个黑色斑点，翅的端部则为黑色，红色与黑色搭配形成了鲜明的警戒色。平时，后翅藏在前翅下面，当外敌来犯时，前后翅突然张开，露出鲜艳的红色，趁着天敌愣神的机会它便迅速逃离。

警戒色（斑衣蜡蝉）

蛾类

　　大部分蛾类都是白天休息、晚上活动，所以在白天它们得把自己隐藏起来，这也是大部分蛾类体色暗淡、体型较小的原因。不过也有一些蛾类体型相对较大，色彩也相对鲜艳。那么它们是怎样保护自己的呢？这些蛾类每个后翅正面都有一个大大的眼斑，平时前翅覆盖在后翅上，把两个眼斑都遮住了。等它们感受到威胁时，就会打开前翅，突然露出后翅的眼斑，可以对天敌起到震慑的作用。有些蛾类甚至前翅也有两个大眼斑，这样在休息的时候也能安心一些。

黄目大蚕蛾

银杏大蚕蛾

鹰飞蛾

警戒色（蛾类）

二尾舟蛾幼虫：二尾舟蛾幼虫整体呈深绿色或湖蓝色，头部褐色，缩在前胸下。尾部有一对尾突。受惊时，头部高高抬起，露出狰狞的"面部"，同时尾突也突然举高，在尾突末端伸出红色的肉带，并左右摆动，以吓退天敌。

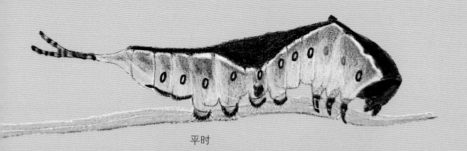

平时

受惊时

拟态（二尾舟蛾幼虫）

的树叶和树枝建成一个可以容纳它们的大型丝网幕。它们躲在网幕里大快朵颐。天幕毛虫幼虫有6~7个龄期，1~4龄幼虫具有结网的习性，3龄前的幼虫群集在一个网幕内生活，而随着身体的长大，到了4龄，一个网幕已经不能容纳那么多的个体了，所以从4龄开始幼虫便分成若干个小群体，织成多个网幕，如果网幕内的叶片被吃光，它们就会移至另外一个地方织一个新网幕。

天幕毛虫的"网幕房"

啮虫的"丝膜房"

啮虫是一类体型很小、比较柔软的昆虫，喜欢生活在野外的树上、岩石上、土壤表层和地表的枯枝落叶上，也有的生活在室内或动物巢穴中，啃食书籍、谷物、动植物标本等。狭啮科啮虫生活在树上，有些狭啮的身体里有纺丝腺，会在叶片上拉出很多细丝，织出一层丝网薄膜，它们的孩子就可以生活在这层松软的"丝膜房"里，以防止天敌的侵害。

啮虫的"丝膜房"

石蚕的"筒子房"

石蚕是毛翅目幼虫的统称。石蛾将卵产在水中，幼虫石蚕一直生活在水中。石蚕身体柔软，很容易受到天敌的侵害，所以它们出生后要做的第一件事就是为自己打造一座筒状的小房子。石蚕的口器能够吐出一种丝状液体，这种液体一旦遇水就会立即凝固，并且具有很强的黏性。石蚕就是用这种丝状物将它的建筑材料黏合在一起的。房子造好之后，它们还会将这些丝状物涂在房子的内壁上，把自己的房子装修得非常舒服。随着幼虫不断长大以及爬行造成房子磨损，石蚕就会离开旧房子再造一座新的大房子。

石蚕具有"建筑专家"的美誉，它们可以用身边的任何材料给自己造房子。因为是就地取材，所以它们的房子也很好地隐身于生活环境中，在天敌看来，这些房子可能是石头缝中的小碎石，也可能是随波逐流的小树枝，总之很难被发现。

石蚕的"筒子房"

蓑蛾的"蓑衣房"

在冬天的枯树上，常常挂着一些小小的枯叶团，里面就是正在过冬的蓑蛾幼虫。它们躲在"蓑衣"里，不怕风也不怕雨，还不受敌害的侵扰。蓑衣的外边虽然粗糙，里边可非常精致，是用纯丝织成的，洁白光滑，住在里面既温暖又柔软。整个冬天，它们就把蓑衣固定在枯树干上或墙角来过冬。还不时地用丝来加厚内壁，然后在春天化蛹，之后羽化为蓑蛾。

蓑衣是由幼虫吐出的丝，加上枯草枝叶、土粒等制成的。肚子饱的时候，幼虫就在蓑衣中休息，饿了它就将头和胸伸出袋外，背着蓑衣往前移动。遇到敌害时，它就把身子缩在蓑衣中。随着身体不断长大，之前编织的蓑衣不够容身了，蓑蛾幼虫就忙着扩建"房子"，它先在蓑衣边吐一些丝，再把啃下来的叶片拱到背上，吐些黏液粘在蓑衣的边缘，一片一片地，蓑蛾幼虫就是这样把蓑衣不断接长，以保护自己长大的身体。

蓑蛾的"蓑衣房"

卷叶象的"摇篮房"

卷叶象绝大多数种类具有卷叶的特性,"卷叶象"由此得名。卷叶象卷叶并不是为了自己,而是为了给孩子建造一个温暖舒适的家。雌性卷叶象在交尾之后,便开始卷叶。卷叶可不是随随便便卷的,在卷叶之前,卷叶象会认真地查看树叶的状态,等确定这片叶子适合作为幼虫的食物之后才会开始卷叶工作。

对于较大的叶片,卷叶象会从叶片的中间先把叶子切开,只留叶片主脉将两部分相连,然后再在连接处的主脉部位咬上几口,使下方的叶片失水枯萎变软而容易卷折。然后再从左、右两侧将叶片向内卷起来,之后再到叶端往上方卷起叶片,形成一个圆筒,最后吐出黏液将叶片接合处粘住。对于较小的叶片,卷叶象会直接啃咬叶柄使叶片软化,然后整叶卷起,对于更小的叶片,它会将几片叶子卷成卷,由于卷叶象会啃咬叶柄或叶片主叶脉,所以,卷成的叶卷就会像一个摇篮一样随风摆动。"摇篮房"做好以后,卷叶象在里面产3~4粒卵,卵在摇篮中孵化,幼虫在叶卷内自内向外取食叶肉,直至化蛹。

卷叶象的"摇篮房"(王莹摄)

卷叶象的"摇篮房"（王莹摄）

沫蝉的"泡泡房"

在公园或者野外游玩的时候，如果你发现植物的叶片或茎秆上有一摊类似于唾沫的泡沫，试着拿一根小草棍把泡沫拨开，看看里面有没有一只乳白色的小虫，如果有，那就是沫蝉的若虫了，而这些泡沫就是沫蝉若虫为自己建造的房子。为了避免烈日暴晒并躲避天敌捕杀，在千百万年的演化中拥有了这种"隐身术"，以此安全地度过幼年时代。沫蝉一旦长大变为成虫，便既会飞又会跳，再也不需要用泡沫隐身了。

沫蝉的"泡泡房"

负子蝽的"移动的家"

负子蝽交配后，雌、雄成虫便形影不离，雄虫对雌虫照顾得无微不至，背着雌虫在水中游来游去，捕捉食物与雌虫分享，是一个标准的"模范丈夫"。雌虫产卵时，便紧紧地抱住雄虫，用后足支撑起身子，并将腹部末端向下弯曲，将一粒粒的卵产在雄虫背上。雌虫产完卵后累得精疲力尽，不久便"香消玉殒"了。雄虫背着自己的孩子在水中游荡，有时候还会上岸晒晒太阳。数十日后稚虫便破卵而出，还是趴在父亲的背上，直到第一次蜕皮后，它们才离开父亲，各奔东西。当它的子女都能独立生活了，负子蝽爸爸也到了生命的尽头。

负子蝽的"移动的家"

螳螂的卵鞘房

雌螳螂产卵时，先找一个风吹不到雨淋不着的地方，头部朝下，腹部朝上，由腹部末端的产卵管中分泌出一种黏稠的保护液体，它一面分泌液体，一面用尾端两个瓣膜一开一闭搅动液体，打进空气，把液体搅成松柔的白色泡沫状，产下的卵就裹在里面，因此分泌的黏液是给小生命做保护罩的。每产一个卵，就盖上一层泡沫，泡沫很快就凝固成硬块，干成固体，成为卵鞘，保护虫卵在里面孵化。卵鞘为圆筒形，表面有横的皱纹，里面由薄膜隔成许多个小室，非常精巧，每室有一扇小门，里面大约排列30多枚卵。

卵块里遍布无数的小气泡，凝固以后就像硬质泡沫塑料一样，既防水、防寒，又防震。这就是"桑螵蛸"，是螳螂为了保护后代，本能建立的一套防护措施。

螳螂的卵鞘房

斑衣蜡蝉的"空调被"

斑衣蜡蝉产卵与螳螂有异曲同工之妙。雌雄成虫交尾之后，雌成虫会在树干上产下一连串的卵宝宝，为了保障卵宝宝能够顺利越冬，雌成虫产卵后，还会排出大量的黏液覆盖在卵粒上，就像盖上了一张空调被，保温又保湿，可见蜡蝉妈妈的良苦用心。经历了漫长的冬季以后，到了第二年的 4~5 月卵宝宝开始孵化，又一个新的世代开始了。

斑衣蜡蝉的"空调被"

蜾蠃的"陶壶房"

雌蜾蠃（guǒ luǒ）平时居无定所，但在生宝宝之前，会为宝宝建造一个安全舒适的窝。不仅如此，雌蜾蠃还是著名的泥塑师，它所建造的宝宝房堪称精美的艺术品。

雌蜾蠃先从水边吸水，然后飞到有泥土的地方，把水和唾沫吐在泥土上，然后通过上颚、前足、口器和触角的共同努力，做成一个软硬适中、大小适当的泥球，然后抱起泥球飞到筑巢点，用前足和上颚夹住泥球，并来来回回梳理泥球形成部分巢壁。弄好之后，蜾蠃又飞走了，一会又抱着一个泥球回来，在原有的

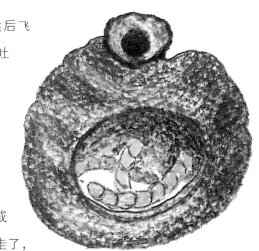

蜾蠃的"陶壶房"

基础上继续筑巢，往返几趟，最后筑成一个只有约 1 厘米大小、口小肚大的巢，形状如同一个缩小版的陶壶。

等陶壶做好以后，雌螵蛴就在里面产下 1 粒卵。之后，雌螵蛴开始为宝宝准备食物，它多次外出捕捉并麻醉蛾类的幼虫，然后放进刚做好的"陶壶"中，直到里面贮藏了足够的猎物以后，雌螵蛴才取一个泥球回来，将巢口封闭起来。封巢口也是个精细活，不但要把壶口堵死，还要把多余的泥土弄成一个漂亮的翻边。之后还要对整个泥壶进行修修补补，才能到完成这件"艺术品"。

屎壳郎的"食物房"

屎壳郎用头上的"钉耙"将潮湿的粪土堆积在一起，压在身体下面，推送到后腿之间，用细长而略弯的后腿将粪土压在身体下面来回地搓滚，再慢慢地旋转，就成了枣子那么大的圆球。然后，它们就把圆圆的粪球推着滚动起来，并粘上一层又一层的土，有时地面上的土太干粘不上去，它

屎壳郎的粪球房

们还会自己在上面排一些粪便。屎壳郎在推粪球时，往往是一雄一雌，一个在前，一个在后。前面的一个用后足抓紧粪球、前足行走，后面的用前足抓紧粪球、后足行走，碰上障碍物推不动时，后面的就把头俯下来，用力向前顶。也有雌屎壳郎自己推粪球的，会稍微费力一点。

屎壳郎所推的粪球既是它的粮食，又是其幼虫的住所。把粪球推到一个合适的地方后埋起来，然后雌屎壳郎就在粪球上产卵。产卵后，屎壳郎才算把一场繁忙的传宗接代工作完成。卵孵化后，幼虫就在粪球"食物房"中慢慢长大。

埋葬虫的"尸体房"

埋葬虫被人们友好地称为大自然的"清道夫"，它的职业好像就是专门掩埋动物的尸体。其实埋葬虫掩埋动物的尸体有它自己的目的。当它埋葬了尸体后，就钻入里面产卵，卵在那里孵化成幼虫，幼虫以尸体为食，直到长大变成甲虫，再从地下飞到地面，又开始新一轮掩埋动物尸体的工作。

埋葬虫的"尸体房"

蠼螋的"育儿室"

蠼螋（qúsōu）的卵和低龄若虫与妈妈共同生活。雌蠼螋是昆虫界最称职的妈妈，当雌雄蠼螋完成交配后，雌蠼螋便开始大量地进食，为体内卵的发育增加营养。然后，将要做妈妈的雌蠼螋便选择一个适宜地点，用嘴和足在地表或地下做巢，作为"产房"和"育儿室"。从产卵到卵孵化的这段时间里，雌蠼螋就像母鸡孵小鸡那样一刻不离地在这个巢里守候着它的卵，并将七零八落的卵集中堆放到一个地方，不食不动地卧伏在卵堆上，保护卵不被捕食。它还时不时将卵的表面清理干净，避免卵受真菌危害。卵孵化以后，雌蠼螋便开始在夜幕降临时挖开洞口外出，为若虫觅食。为防不速之客闯进洞内伤害若虫，雌蠼螋出去之后还将洞口封上。若虫经过两次蜕皮以后才离开妈妈，独立生活。

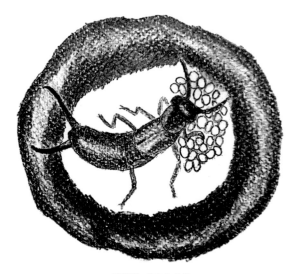

蠼螋的"育儿室"

第四章

真假有毒

大动物给人带来的伤害让人不寒而栗，但是小昆虫对人的杀伤力也不容忽视。很多有毒昆虫分泌或释放毒液攻击人或动物；也有一些无毒昆虫为了自保，会在外表和行为上模仿有毒昆虫，让它们的敌人信以为真而溜之大吉。

一、有毒

根据释放毒液的部位不同，将有毒昆虫分为以下几类：

（一）利用毒刺毛释放毒液

枯叶蛾科、带蛾科、毒蛾科、刺蛾科的成虫身上没有毒毛，但它们的幼虫身上都有不同程度的毒毛和毒刺。这是昆虫的一种自卫反应。

刺蛾幼虫俗称洋辣子。洋辣子通常色彩鲜艳，身上具有肉棘状突起，突起上有刺毛，刺毛根部具有毒腺细胞，可以分泌毒液，当鸟儿等天敌来犯时，毒腺细胞分泌的毒液就会经过刺毛管注入天敌的皮肤。试想一下，天敌被它蜇了以后会多么痛苦，慢慢地，这种刺毛及其毒性就在天敌的脑子里发生了关联：身上带有这种刺毛的毛毛虫千万不要碰，它是有毒的。洋辣子的毒液接触动物（包括人类）皮肤后，会引起皮肤局部痛痒、发热等症状。如果你是过敏体质，那就更可怕了，有可能会昏迷，甚至休克，危及生命。

黄刺蛾幼虫

扁刺蛾幼虫

绿刺蛾幼虫

（二）尾部喷射毒液

屃步甲也叫放屁虫，被称为"行走的炸弹"。在遭受敌人袭击时，屃步甲会从肛门喷射出有毒的雾化液体攻击对方，奇妙的是，同时还会发出噼啪的声音，就如同放屁一般。这种"屁"含有叫作苯醌的化学物质，很烫，高达100摄氏度，皮肤一旦沾到，就火辣辣地痛。在野外，如果碰上这种虫子，可不要想着抓它呀，你的手有可能会被灼伤！

屃步甲向螳螂喷射毒液

屃步甲

（三）利用刺吸式口器将毒液注入动物体内

蚊、蠓、蚋、虻、臭虫等双翅目昆虫体内都含有可对动物和人体造成伤害的毒液。

蚊子在叮咬过程中会将有毒的唾液转移到宿主身上，引起皮肤疼痛和发痒症状。而且，在叮咬时还会将体内的病原体也传入宿主体内。蚊子是疟疾、登革热、丝虫病、寨卡病毒和其他虫媒病毒等疾病的重要传播媒介。蚊子传播疾病造成的死亡人数超过任何其他动物类群，因此，蚊子被认为是世界上最强大的人类杀手，每年杀死约300万人。

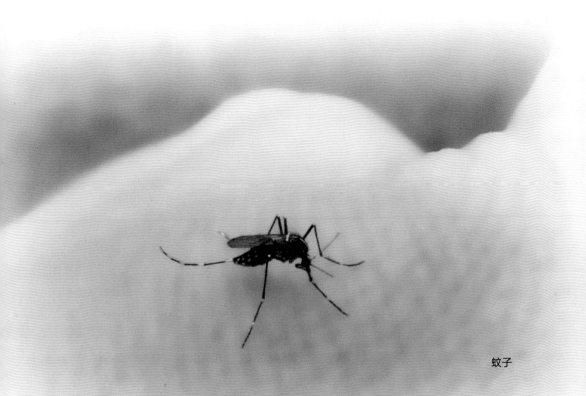

蚊子

（四）利用腹部末端螫针将毒液注入动物体内

　　蜜蜂、胡蜂都是攻击力极强的社会性昆虫，而且它们具有杀伤力很强的蜂毒，就藏在工蜂腹部末端的螫针中，螫针与体内毒腺相通，刺螫后将毒液注入动物体内，造成中毒。黄黑相间的条纹具有强烈的警示作用，告诉天敌我不是好惹的，天敌看见它们也还真不敢招惹。这是昆虫跟大自然长期斗争的结果，起初天敌也许并不知道这些蜂类有毒，但等它们被螫之后慢慢长了记性，又把这种痛苦与那些黄黑相间的条纹关联了起来，所以，等以后遇到这种黄黑条纹的昆虫，它们就敬而远之了，以至于慢慢将这种记忆一代又一代地传递下来。

蜜蜂

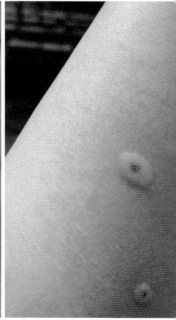

被蜂螫后的皮肤过敏反应

角马蜂

金环胡蜂
（武其摄）

（五）被吞食后引发捕食者中毒

金斑蝶

金斑蝶因体内含有幼虫时取食马利筋吸收来的卡烯内酯（对心脏有毒）而令捕食者望而生畏。它们经常飞行缓慢，遇到干扰也不逃离，而是有意刷存在感。一只初出茅庐的小鸟可能会捕食金斑蝶，但很快就会明白金斑蝶是不可食的。随后它将把这种蝴蝶的不快味道与其醒目的颜色铭记于心，不会重蹈覆辙。

幼虫

金斑蝶

蚁蜂

蚁蜂，又名绒蚁，因其雌性酷似全身长了绒毛的蚂蚁而得名。雌性蚁蜂只能在地面活动，外形十分显眼。鲜艳的绒毛能够对掠食者起到警示的作用。而且，不同的蚁蜂物种还进化出了相互模仿的能力。通过在外观上模拟邻近的其他蚁蜂，壮大了具有震慑作用的蚁蜂队伍，使得不同的蚁蜂物种获得了同样的保护。

蚁蜂

（六）足部分泌毒液

芫菁体内的班蝥素主要分布在生殖腺、血液和内脏中。受惊时足的基部会分泌黄色毒液，如果沾到人体皮肤上会引起红肿并起水泡。

眼斑芫菁　　　　　　　　　　　　　绿芫菁

（七）被揉碎后毒液外渗

隐翅虫多于夏季出没，体型细小，生活在田园、沙地、石下及朽木等处。体液中含有刺激性毒素，但它们不会主动释放毒液，如果你不小心将隐翅虫揉碎或者压碎，那么它的毒液就会渗出，皮肤接触到毒液的话，会引起皮肤发炎，如果沾染到大量毒液，会造成皮肤糜烂。

隐翅虫（常凌小摄）

二、模仿有毒

食蚜蝇模仿蜜蜂、胡蜂、熊蜂

双翅目的食蚜蝇，尾部没有带毒的螯针，但是很多食蚜蝇都模拟蜂类，不但具有黄黑相间的条纹，飞起来同样发出嗡嗡的声音，达到了以假乱真的境界。遇到敌害的时候也会将腹部抬起，模拟蜂类的刺蜇动作。

有些食蚜蝇长得像蜜蜂，有些食蚜蝇长得像胡蜂，还有一些食蚜蝇身体毛茸茸的，长得很像熊蜂。但仔细观察，食蚜蝇跟这些蜂类区别还是挺大的。蜂类的触角较长，呈胳膊肘状，而食蚜蝇的触角很短，呈芒状；蜂类有两对翅，而食蚜蝇只有一对前翅，后翅像苍蝇、蚊子一样退化成了一对小棒槌状的结构，叫作平衡棒。蜜蜂和熊蜂的后足粗大，被称为携粉足，有的后足甚至还沾有花粉团，而食蚜蝇的后足细长，和其他足没什么大的不同。即使这样，它们还是把天敌给唬住了，竟然敢大摇大摆地在花间飞来飞去。

仿

蜜蜂

长得像蜜蜂的食蚜蝇

胡蜂

仿

长得像胡蜂的食蚜蝇

熊蜂

长得像熊蜂的食蚜蝇

虎天牛模仿胡蜂

胡蜂虽然没有像蜜蜂、熊蜂那样的携粉足，但更加凶猛，毒性更大，甚至能够伤到人和大型动物，所以昆虫模仿胡蜂安全性更高。除了食蚜蝇之外，还有很多昆虫模仿胡蜂的样子，虽然天牛科昆虫属于鞘翅目昆虫，前翅硬化成壳状，但它们却具有跟胡蜂一模一样的肾形复眼，而且触角也很像，而虎天牛就更像胡蜂了，不但形状、大小很像，而且还有胡蜂一样黑黄相间的条纹。

胡蜂

长得像胡蜂的绿虎天牛（常凌小供图）

凤蛾模仿麝凤蝶

麝凤蝶是一类非常美丽的蝴蝶，它们的体型较大，体躯和翅面主要为黑色，翅上分布有红色和白色的斑纹，后翅还有一对漂亮的尾突。麝凤蝶的这种美对昆虫天敌来说是一种严重的警告色，的确，麝凤蝶是有毒的蝴蝶，其幼虫喜食有毒的马兜铃科植物的叶片，并经过不断积累和传递，一直到成蝶体内还有毒性。

在我们普通人的认知里，蝴蝶是美的象征，而蛾类的颜色却是灰暗的，不仅没有美丽的花纹，而且个体很小，并不招人喜欢，所谓"扑棱蛾子"其实并不是个中性词，而是稍微带着一点贬义。不过，有不少蛾子还是很大很漂亮的，但这类蛾子因为经常在白天活动，往往会被人当成蝴蝶，凤蛾就是一个明显的例子。凤蛾是鳞翅目凤蛾科的蛾类，它们不但又大又漂亮，而且高度模仿了麝凤蝶的模样，甚至有过之而无不及。也许这就是它们的生存之道吧。

凤蛾

麝凤蝶

第五章

花样求爱

一个物种要想在地球上生生不息，传宗接代是必须的。小小的昆虫也是一样，为了把自己优良的基因一代一代传递下去，可是花了不少心思的。一旦到了成年，昆虫就会谈情说爱，然后喜结连理，进而传宗接代！为了得到心仪的对象，种类繁多的昆虫发展了多种多样的求爱方式，既有浪漫的情调，又有不顾一切的勇气。不过，昆虫的求爱也基本上是"男追女"的套路，但蛾类是个例外。

一、爱的光语言

萤火虫

　　夏天的夜晚，田野间常可以看到萤火虫闪着荧光在空中曼舞，在草丛飞行，点点荧光带来的乡野情趣，令人迷醉。这些流萤闪闪其实是萤火虫为寻找配偶而发出的光亮。因为只有雄性的萤火虫会飞，所以，我们在夜晚看见的"流动的小灯笼"，是雄性在努力寻找伴侣呢；雌性萤火虫没有翅膀，不能飞行，只能静静地待在草丛里，靠着闪光来召唤飞行中的雄性萤火虫。萤火虫发出的光有的黄绿，有的橙红，亮度也各不相同。萤火虫就是靠改变"灯光"的颜色和时间间隔来传递不同信息的。雄性萤火虫的发光器在尾部的最后 2 节，雌性萤火虫的发光器只在腹部最后 1 节。发光器在白天是灰白色，在黑夜中才能发出荧光。

流荧闪闪

发光器

萤火虫

二、鳞光闪闪

蝶翅上鲜明亮眼的图案更多地用于惊吓饥饿的鸟类，而不是用于吸引异性。真正吸引雌蝶的是雄蝶翅上闪光的鳞片。这些典型的图案可以反射紫外线，当雄蝶振翅时会产生一种紫外线频频闪动的效果，与浓浓的信息素气味结合在一起，就可以迷得雌蝶芳心暗许。

1 箭环蝶　　4 巴黎翠凤蝶
2 褐顶粉蝶　　5 黄缘蛱蝶
3 小红珠绢蝶

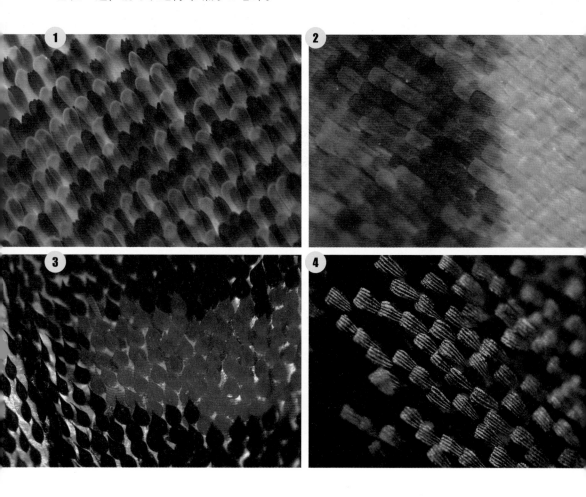

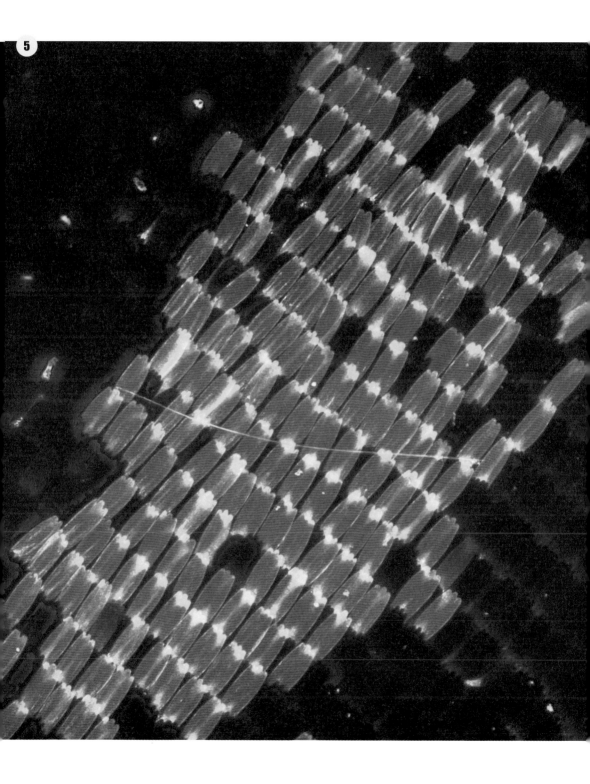

三、爱的礼物

舞虻

雄性舞虻求偶时，为了赢得雌虫的青睐，会捕捉一只小虫，作为礼物送给雌性舞虻。通过礼物的质量，雌虫不但可以确认对方身体是否强壮、捕猎能力是否出众，而且还能得到额外的营养作为能量积累，为产卵繁殖做准备，所以何乐而不为呢？聪明的雄虫还会用小丝球把礼物包装起来，在雌虫拆开包装享用礼物的时候，就会趁机占便宜。

这样的求偶行为经过长期的进化历程，在舞虻的家族中已经格式化，以至于雌虫不会接受任何没有"聘礼"的求婚。在这份营养大餐的帮助下，雌虫能够和那些强壮的雄性产下更多优质的后代。

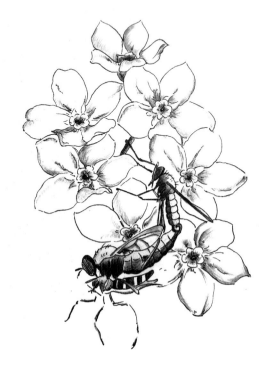

舞虻

四、爱的舞蹈

蝶类

鳞翅目昆虫中的蝶类，常以"舞蹈语言"来表达同种异性之间的情谊。雄蝶是通过舞蹈来追求"小姑娘"的，如果发现自己喜欢的雌蝶，他就会跳着优美的舞蹈慢慢地接近她。如果她也正好相中了他，那么两只蝴蝶就会在空中翩翩起舞，忽上忽下、忽左忽右，然后寻找一处幽静的地方交尾。如果有两只雄蝶同时追逐一只雌蝶，那么力量小、飞得慢的那只就会被雌蝶淘汰掉。

小灰蝶

蜻蜓

雄蜻蜓具有领域行为，会在自己的"领空"飞来飞去，以赶走其他雄蜻蜓，甚至与其他蜻蜓发生争斗。并且通过超强的飞行能力和优美的身姿来吸引雌蜻蜓。如果找到心仪的对象，雄蜻蜓便迅速用腹部末端的抱窝器抱住雌蜻蜓的颈部或前胸向雌蜻蜓求爱，雌蜻蜓如果接受求爱便用足抱住雄蜻蜓的腹部，并将身体弯曲，使腹部的生殖器伸向雄蜻蜓的储精囊中，接受精子。雌蜻蜓经过交配受精后，便飞临水面上空，选择有水草的区域，进行一次次的俯冲，并将腹部在水中点上几下，这就是人们常说的"蜻蜓点水"。看似在玩耍，其实是在产卵。

蜻蜓

豆娘

豆娘虽然看似柔弱，身体却很灵活，雌、雄豆娘在空中共同表演复杂而优雅的舞蹈。当雌豆娘来到心仪的雄豆娘的领地时，雄豆娘会立即用"尾巴"端部的一对抱茎卷须抓住雌豆娘的胸部，而雌豆娘也会弯曲身体接受雄豆娘的爱意，奇特的交配姿势勾勒出浪漫的心形轮廓。

豆娘

五、爱的味道

　　大多数昆虫是靠自身分泌的气味来"谈情说爱"的，这种气味只要有一点儿挥散到空气中，就能使远方的异性"对象"闻到，然后前来"约会"。这种"婚恋"类型在鳞翅目昆虫中最为多见。

斑蝶

　　金斑蝶、虎斑蝶等斑蝶的雄蝶能够散发出吸引异性的香味。因为雄蝶的后翅腹面具有香鳞袋或者香鳞斑（中间为白色的黑色斑点或斑块）。这是雄性的性标，雄性利用性标不断发出求爱的香味，而雌性闻到这种充满爱意的气味便前来与雄性约会。如果互有好感，它们便会步入"婚姻的殿堂"。

金斑蝶

虎斑蝶

蛾类

蛾类的爱情呈现的是少有的女追男的情况，一般是雌蛾散发恋爱的信息素，而附近的雄蛾捕捉到求爱信息后，就会沿着散发这种信息素的方向找到雌蛾，如果双方情投意合，一切也就顺理成章了。

家蚕

家蚕：处女雌蛾到了婚龄，腹部末端会长出两个小肉球，这种肉球可以散发出能够吸引情郎的气味。雄蛾的触角上有着非常灵敏的"鼻子"，只要闻到这种"销魂"的气味，就会屁颠屁颠地跑过来，一见到雌蛾，就会迫不及待地爬过来与她交尾。

灯蛾：雌性灯蛾的腹部末端具有一个特殊的爪状结构，称为发香器。发香器表面布满了毛，平日里藏在灯蛾的腹部，在夜晚无风的时候，可以通过呼吸系统将其充气，发香囊膨胀而从尾部伸出，以散发性信息素吸引异性。雌性灯蛾的发香器所散发的性信息素能吸引到 11 千米以外的雄蛾。这真是"有缘千里来相会"！

灯蛾

六、歌声传情

蝉

没有蝉歌的夏天是残缺的夏天。

蝉，俗称知了，是人们公认的"歌手"，它们的歌声嘹亮高亢、优美动听。在夏天的树林里，每天都有一场音乐会，而蝉是音乐会的主角。它们没日没夜地歌唱，是想成为音乐家吗？其实，歌声是蝉的求偶手段，到了交配的季节，雄蝉就会唱个不停，通过歌声来吸引雌蝉。雌蝉循声而来，如果对这位异性还算满意，它们就会在那儿交配，繁衍后代。蝉的声音不是用嘴发出的，而是用腹部的一对像钹似的"乐器"发出的，这种"乐器"的结构非常精细，两边各有一个白色的、圆而大的薄膜，叫音盖，很有弹性。音盖下面长着像鼓皮似的听囊和发音膜，与身体里发达的声肌紧紧相连，当发音膜收缩时，便产生声波，发出嘹亮的声音。

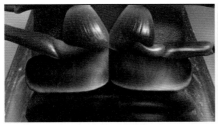

音盖

发音膜

切开盖板后的听囊和发音膜

声肌

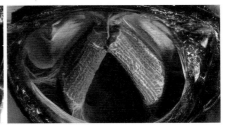

蝉

蟋蟀

夏末秋初，蟋蟀便心急地登上了演唱会的舞台，整个秋天的夜晚，蟋蟀都是这个舞台的主角。

斗蟋的歌声时而清脆悠扬，时而婉转低吟，时而激越短促，时而高亢洪亮。这些不同类型的歌曲可不是随意唱出来的，所谓歌声传情，大概只有斗蟋最明白了，不同的歌声表达了不同的情感：独处时悠然自得，歌声清纯亮丽；两只雄虫相遇时，那可是冤家路窄，双方振翅狂鸣，烦躁不安，挑衅决斗，获胜的一方就会高奏凯歌，鸣叫不止；雌雄相遇，歌声缠绵动听、诗情画意；而当一对情侣交配时，则会发出"愉悦"的颤声：嘀铃铃——嘀铃铃……

还有一种蟋蟀，它的名字叫多伊棺头蟋，北京人叫它"棺材板儿"，主要是因为它的头非常突出，而面部扁平，加上宽长的身体，总体来看很像一个"小棺材"。它的声音也很好听，总是用"噘噘噘——噘噘噘——"的声音吸引异性。

油葫芦也是一种常见的蟋蟀，白天喜欢在沟壑、缝隙或者草丛根部休息，夜间便出来活动，能飞能跳，还能在地面爬行。雄虫发出"居幽幽幽幽——"的声音，等待雌虫前来交配，如果找到合意的伴侣，雄虫就构筑爱的巢穴与雌虫同居。而当两只雄虫相遇时，与斗蟋一样，它们便高唱战歌相互咬斗，直到一方落败而逃。

斗蟋（振翅发声）

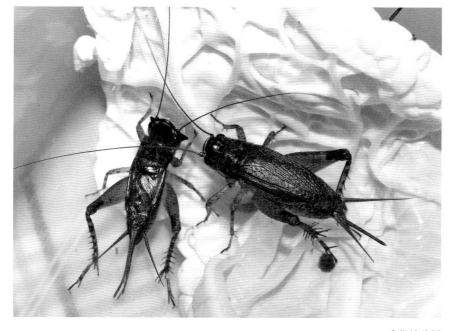

多伊棺头蟋

油葫芦

蟋蟀的发声器与蝉有些不同，它们不是长在肚子上，而是靠双翅相互摩擦来"奏乐"的。蟋蟀的右边翅膀基部下表面有一条横脉，上面长着许多小齿，叫音锉,在左翅膀上表面则形成尖尖的摩擦缘，叫刮器。当它"奏乐"的时候，翅急剧地叠在左翅上面又马上分开，通过音锉和刮器的相互摩擦，发出声音。

蟋蟀的交尾，在昆虫世界中算是异类中的异类。雌虫听见雄虫求偶鸣叫后，会主动投怀送抱，拱起身子爬到雄虫背上准备交尾，雄虫则随即向后上方提起尾端与雌虫尾部连接。雌雄交配的时间几乎都不超过1秒。交配完毕，雄虫会在雌虫尾端留下一团精包。那些交配频繁的雌虫体内并不缺精子，所以经常在交配完毕后，马上转身，将尾部的精包当作雄虫相赠的营养食品吃掉。

金钟儿

金钟儿是昆虫王国闻名的"恋爱专家"，当雄性金钟儿发现附近有异性时，便会立即兴致勃勃地奏起美妙动听的"小夜曲"，等到它与雌性金钟儿之间的距离可用触角相互接近时，如果"情投意合"，雌性金钟儿就会献身，双方便会结为"夫妻"。

金钟儿

蝈蝈

蝈蝈总喜欢站在荆条、蒿及一些小灌木上引吭高歌。它们喜欢白天唱歌，而且不惧酷暑，天气越热、太阳越强，它们的歌声就越响亮。它们更喜欢大合唱，只要领唱一起头，其他的蝈蝈就都跟着唱起来。因此，夏日的中午，草丛里的蝈蝈也为休闲的人们提供了美妙绝伦的听觉盛宴。但是蝈蝈们欢叫可不是为了让我们欣赏，它们是要通过美妙的歌声来召唤自己的另一半。

蝈蝈的发音器与蟋蟀恰恰相反，是左翅叠在右翅上发出声音的。蝈蝈的声音除了用来吸引异性外，还能起到自卫和报警的作用，当两只雄虫相遇时，便高唱"战歌"，面对面摆好架势，摇动着触角，大有一触即发之势，双方只有后撤才会相安无事。如果周围出现异常或危险，便通过双翅摩擦向其他同类发出警报。

雌蝈蝈就是"哑巴"，因为它们不需要歌唱，只要听力好就行。它们的"耳朵"长在两个前腿上，凭借自己的好耳力，雌蝈蝈总能找到那个叫声最大、最强壮的雄蝈蝈作为自己的"白马王子"。

雄

雌

蝈蝈

吱拉子

因为它的叫声而得名，其实，它的"大名"叫暗褐蝈螽，与蝈蝈长得非常相似，只是个头要比蝈蝈稍微小一点，最明显的区别就是它的翅膀要比蝈蝈长。吱拉子的叫声没有蝈蝈那么动听，但同样能吸引雌性吱拉子。在北方，因为吱拉子比蝈蝈出现得早，一般在 5~6 月就会大量出现，也算我们听到的最早的昆虫鸣声了。

吱拉子

纺织娘

纺织娘栖息于平原田野或山地草坡一带。白天，纺织娘一般不声不响、养精蓄锐，待到黄昏和夜晚时，它便开始"上班"了。雄纺织娘的翅脉近于网状，有两片透明的发声器。它的鸣声很有特色，每次开叫时，先有短促的前奏曲，声如"轧织、轧织、轧织……"，连续 20~25 声，犹如纺织女工在开试纺车，之后才是"织、织……"的主旋律，犹如纺车转动。在夜晚的田野里，当雄纺织娘正在鸣唱时，若附近正好有雌纺织娘的话，雄纺织娘就会边鸣边转动身子，以吸引雌纺织娘的注意，雌纺织娘闻声来赴约，然后双双坠入爱河。

纺织娘

蝗虫

蝗虫发声时，先用四条腿将身体支撑起，摆出"唱情歌"的姿势，再把复翅伸开，弯曲粗大的后腿同时举起与前翅靠拢，上下有节奏地抖动着，使后腿上的刮器与前翅上的音锉相互摩擦，引起前翅振动，从而发出"嘎、嘎、嘎"的叫声，这种叫声可以引诱雌虫前来相会。蝗虫拥有长而柔软的腹部，交尾时雄虫的腹部会从雌虫的身体一侧下弯，绕到雌虫的体后，雄虫腹部末端再向上弯曲，与雌虫的腹部末端碰触结合，完成交尾。

东亚飞蝗音锉

中华稻蝗交尾

东亚飞蝗交尾

竹蛉

其他鸣虫

还有很多昆虫会发出优美的歌声来吸引异性，如红蚁蛉、宝塔蛉、大黄蛉、金蛉子、绿金钟、竹蛉、扎嘴等。这些昆虫被我们称为鸣虫。鸣虫也是昆虫爱好者乐意饲养的昆虫种类，不同的种类，声音各有不同，人们把它们放在床头、桌旁，只为倾听它们悠扬美妙的歌声。

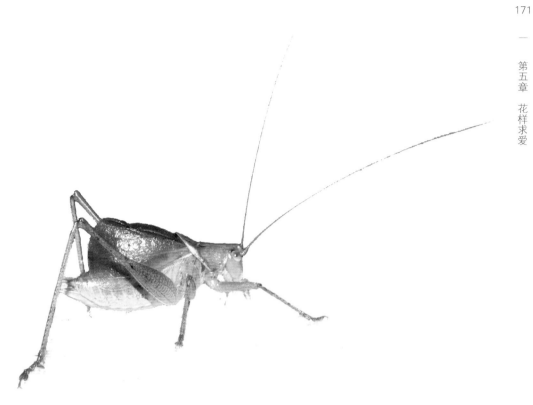

扎嘴

金蛉子

红蚁蛉

绿金钟

宝塔蛉

七、为爱而战

锹甲

　　锹甲具有异常强大的像雄鹿角一样的上颚，这是它的武器，发达的上颚使锹甲头部显得很大，甚至比胸部还要大。为了赢得雌锹甲的芳心，两个雄锹甲往往大打出手，它们用角推来顶去，甚至会把自己的角伸到对方的腹部下面，拼命地试图将对手挑起来，然后往上一举，使对方六足悬空，然后再狠狠地掀翻在地上。最后获胜的雄锹甲才有可能得到雌锹甲的青睐。

雌

雄

中华大锹打斗

八、爱的水波纹

水黾

能在水面上自如滑行却不会掉进水里，这是水黾（mǐn）的绝技，人送外号"水上漂"。不但如此，水黾的中后足上具有非常敏感的感振器，能够通过猎物在水面上造成的波纹感受到猎物的位置。谈情说爱也离不开水波纹。到了恋爱季节，雄水黾会制造浪漫的水波纹来追求异性，雌水黾接收到爱的讯号以后，也会以类似振动频率的水波纹回应雄水黾。然后它们便"走"到一起，享受幸福的"二人世界"。

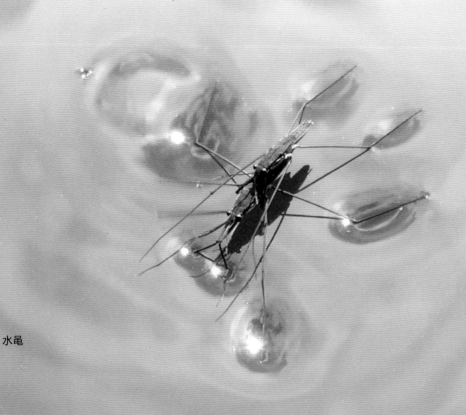

水黾

水黾

但也有人认为，水黾属于暴力求偶，近来研究发现某些雄性水黾通过暴力恐吓的手段，威胁雌性水黾同意交配。雄性水黾在交配前会用脚尖轻轻在水面上敲击制造出微小波纹，这肉眼难以观察的细小波纹对这种昆虫却是致命的，因为这将有可能引来掠食性鱼类。待雌性就范后，雄性粗暴地爬到雌性身上，逼迫其打开腹部的生殖盾，完成交配。这时雌性水黾往往面临更大的威胁，因为它们留在水面，更容易成为掠食者进攻的目标。雄性水黾便是以此"卑鄙"手段达成目的的。

九、爱的抚触

豆芫菁

豆芫菁的求爱在昆虫中算是奇特的了，雄虫与雌虫交尾之前有一系列前戏。雄虫骑到雌虫背上后并不急着交尾，而是将自己的两只触角分别缠绕在雌虫的触角上，并且不停地搓动雌虫的触角，雌虫也会用触角来回应雄虫。当雄虫极度兴奋时，还会急速地左右摇摆身体，让身体腹面的长毛摩擦雌虫的背侧。持续一段时间的缠绵、爱抚之后，雄虫才会与雌虫交尾。

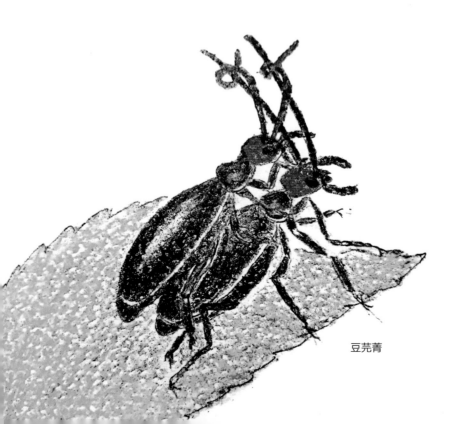

豆芫菁

十、撒精包

跳虫

跳虫（最新的分类系统将跳虫从昆虫纲分出去了）的繁殖行为非常有趣。雄跳虫会从身体末端分泌水滴状的"精包"，不管附近有没有雌跳虫，它都像摆地摊似的将精包放在地上。雌跳虫发现精包后，就会用生殖口捡起来，收入体内，进行受精。由于精包在空气中不耐放，所以雄跳虫在放出精包后 8 小时左右，如果还没有雌跳虫问津，就会自己将精包吃掉（当然，有时候精包也会被别的雄跳虫吃掉），然后再放出新鲜的精包。尽管跳虫成群聚集，雌跳虫捡到精包的机会相当高，但雄跳虫还会分泌引诱雌跳虫的性激素，以提高精包的被捡率。

跳虫

十一、舍身为子

螳螂

螳螂的婚姻充满着悲情的浪漫。雄螳螂为了繁衍自己的后代，甘愿放弃生命，新婚之夜便是雄螳螂的死亡之日，最恰当地诠释了"婚姻是爱情的坟墓"。每年的秋天是雌雄螳螂交配的好时节，交配的过程对雄螳螂来说是一个铤而走险的过程，不知道哪一刻，它的脑袋就成为雌螳螂的食物了。而为了让雌螳螂有足够的精力产卵，雄螳螂只好英勇献身了。而且雄螳螂在遭受斩首的情况下还能够继续交配，甚至更加精力旺盛。

螳螂交尾

第六章

社会生活

在昆虫世界里，大多数昆虫都是独立生活，只有到了到成虫阶段，才去寻找配偶进行交配，交配完以后，雌虫和雄虫就各奔东西；雌虫只负责产卵，不会照顾下一代，任其自生自灭。但是有些昆虫却非常聪明，它们成群结队生活在一起，学会了抚育和保护幼虫，大大提高了昆虫的成活率，从而保证整个群体的繁荣发展。这个群体就像一个小型社会一样，每一只昆虫都有自己的分工，这类昆虫被称为社会性昆虫。除了在形态上特化为雌雄异型之外，社会性昆虫还有更为神奇的特化，它们可以根据不同的工种长成不同的形态，这在动物界可是独一无二的。

一、蜜蜂

蜜蜂社会是由蜂王、工蜂和雄蜂组成的，一个蜂巢内居住着几百到几万只蜜蜂，蜂王是这个蜜蜂社会里唯一真正的女性，它一生的任务就是产卵。雄蜂身体强壮，却生性懒惰，它们唯一的任务就是与蜂王交配，然后死去。工蜂负责清洁卫生、哺育幼蜂、照顾蜂王、构筑蜂巢、守卫和采蜜等各项繁重的工作。人们常说的勤劳的蜜蜂，指的就是蜂群里的工蜂。

蜜蜂的卵、幼虫、蛹

蜜蜂为什么会有蜂王、雄蜂和工蜂之分？蜂王产的卵有两种，一种是受精卵，另一种是未受精卵。雄蜂是由未受精卵发育而成的，它们只在"婴儿"时期才吃2~3天王浆，以后改吃蜂蜜和蜂

蜂王和工蜂

雄蜂和工蜂

粮。蜂王和工蜂由受精卵发育而成，蜂王终生都吃蜂王浆。而工蜂和雄蜂一样，只在"婴儿"时期吃 2~3 天王浆，以后改吃蜂蜜和蜂粮等粗食。

蜜蜂筑巢

蜜蜂是当之无愧的一流建筑工程师，它们从花朵上收集蜂蜜和花粉，然后将这种原材料转变成蜂蜡这一非凡的建筑材料。在自然界，蜜蜂蜂群一般在树洞或其他天然洞穴里筑巢生活。工蜂从花朵上收集花粉，然后在体内将这种原材料转变成蜂蜡。工蜂靠腹节之间的腺体分泌蜂蜡，然后用自己分泌的蜂蜡筑造成一片一片的巢脾，每个巢脾的两面有数千个彼此连接在一起的六边形蜂房，平行排列，出口朝上。这些蜂房是用来储存花蜜和花粉的，蜂王的卵也产在蜂房里，每年都有成千上万只蜜蜂幼虫在这些由蜂蜡建成的"托儿所"里慢慢长大，然后化蛹，最后变成成年蜜蜂爬出蜂房。

当人们发现蜂蜜是很好的食物时，先是爬上树干取蜜，后来干脆将带有野生蜂巢的树段砍下来挂在自家的屋檐下，或者放在自家的院子里，方便照看蜜蜂和取蜜。再后来，养蜂人制作木桶，将蜂蜡涂抹在木桶内外，引诱野生蜜蜂到木桶蜂窝中。西方人发明了活框养蜂，可以带着蜜蜂去"旅行"，目的地当然是花丛中了，还可以将里面的巢脾一片一片地拿出来。

蜂花粉　　蜂蜜

天然树洞蜂巢　　　蜂蜜和蜂花粉

蜂盖蜜

　　雄蜂的身体比较粗壮，因此，幼蜂的蜂房也比较大，蜂房盖也突起较多，而工蜂的蜂房盖几乎没有突起。蜂王的蜂房也叫王台，非常大，不是雄蜂和工蜂的蜂房可以比的。那么，工蜂为什么要建王台呢？原来，当老蜂王越来越老或者死去的时候，工蜂就会建造王台，以培养新的领导。如果同时出现两只新蜂王，那么两者肯定会一决高下，胜者自然为王，弱者一般就"牺牲"了。

爬树取蜜

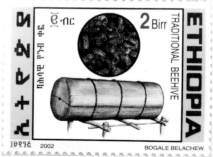

树段养蜂

活框养蜂

木桶养蜂

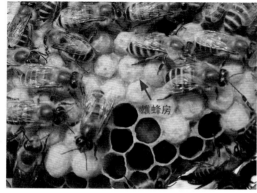

雄蜂房

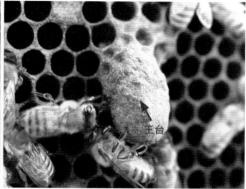

王台

复杂而精确的交流

除人类之外能进行最复杂而精确的交流的
动物不是猿类而是昆虫。通过一系列由摆动和
振动所组成的复杂的舞蹈动作，蜜蜂能够告诉
同伴蜜源的品质、距离和精确的位置，这种
舞蹈被称为"摇摆舞"。每摆动一次就表示距
离蜂箱 150 英尺（约 46 米）。摇摆舞是一种
8 字形的舞蹈动作，这是卡尔·冯·弗里希在
1945 年发现的，他也因此获得了动物行为学
研究的唯一一个诺贝尔奖。

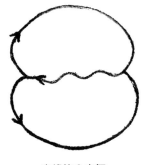

蜜蜂的 8 字舞

非凡的本领

在一定的紫外线范围内，某些颜色和质地的花对蜜蜂更具有吸引力，
它们能够凭经验学习，甚至能够识别人脸。尽管许多人对这一点争论得面
红耳赤，但这种仅有针头大小的脑的生物展示了它们非凡的本领。实验中
的"人脸"在蜜蜂看来不过是一些看上去很奇特的花。

婚飞

蜂群不但是一个井然有序的社会，而且也充满了戏剧性。一旦谋杀了
它的所有"姐妹"，新蜂王便进行婚飞。在婚飞的过程中，她会在半空中与
15 只雄蜂交配。雄蜂与蜂王交配后，伴随着"砰"的一声，它的阳茎就爆
裂了，将尾部留在蜂王的体内就像一个没用的塞子。所有的雄蜂在交配结
束后都会死去，而蜂王则带着足够的精子返回蜂巢去筹备建立完全属于她
自己的蜂群。

女王待遇

蜂王的寿命一般为三年，在这短暂的一生中，她每天产卵约 1500 多粒。蜂王一直都由陪伴着她的工蜂进行喂养和照料。当她偶尔体内化学平衡不太稳定时，工蜂也会开始产卵，但是这种"叛乱"会被残酷地镇压下去，所有"冒牌"的卵都会被同窝的其他工蜂立即吃掉。

卡尼鄂拉蜜蜂蜂王和工蜂

蜂王产卵

工蜂的分工

工蜂的寿命一般也就 30 多天。随着日龄的不同，工蜂的工作内容也有所不同，在它们出世后的第 1~3 天，就当上了"清洁工"，负责把蜂巢里面打扫得干干净净。如果发现死蜂，清洁蜂就会把它拖到巢外很远的地方扔掉。第 4 天和第 5 天负责用花粉与花蜜喂养幼虫。第 6~12 天，负责分泌蜂王乳来伺候蜂王。第 13~17 天，它们充当"建筑工"的角色，负责分泌蜂蜡建造蜂巢，另外还要把花蜜加浓及把花粉捣碎，以便酿造蜂蜜。第 18~20 天，它们成为"卫士"，负责保卫蜂巢的安全，带毒的螫针是蜜蜂的战斗武器。第 21~35 天，是它们生命的最后一段时间，也是

蜜蜂"卫士"

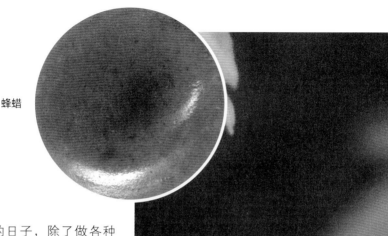

蜂蜡

工作最为繁重的日子，除了做各种工作外，还要外出采蜜。

蜜蜂传粉

没有蜜蜂就没有农业，我们口中的食物有三分之一要归功于蜜蜂。

蜜蜂先在所找到的花粉较多的花朵前停下，用腿上的绒毛去沾花朵雄蕊前端的花粉囊，来完成采集花粉的任务。工蜂的后足胫节上有一处凹进去的地方，这就是花粉篮。蜜蜂采集花粉后，会将一些花粉压缩到花粉篮内，还有一些花粉会留在毛发上。蜜蜂从一朵花到另一朵花时，就会将这一朵花雄蕊上的花粉带到另一朵花的雌蕊柱头上，使花儿受粉，从而使农作物大大增产。蜜蜂授粉促进农作物增产的价值，比蜜蜂产品的价值要高 5~10 倍。

蜜蜂传粉

甜蜜的事业很辛苦

蜂蜜含有非常丰富的营养物质，它是人类健康长寿的妙药。可是，你是否知道，蜂蜜采之不易，酿之艰辛？蜜蜂要酿成 1 千克蜂蜜，需要采集 200 万 ~500 万朵花，来回飞行 45 万千米，等于围绕地球赤道 11 周，而在这过程中它自身仅消耗 185 克蜂蜜。蜜蜂用口器吮吸花蜜，访完一朵花接着访另一朵花，每次外出往往要访成百上千朵花才能把蜜囊装满。

二、胡蜂

胡蜂也叫马蜂，是胡蜂科全体成员的总称。人人都怕"捅了马蜂窝"，是害怕胡蜂对我们的致命攻击。所以，杀死一只胡蜂绝不是一个好主意，因为这只垂死的胡蜂会散发一种信息素，向它的同伴发出遇到危险的报警信号，在几秒钟之内这个闯祸的人就会遭到一群胡蜂的围攻。

胡蜂也是社会性昆虫，亲代个体间不但共同生活在一个蜂巢中，蜂群中也有明显分工现象，即有蜂王、工蜂和专司交配的雄蜂。胡蜂成虫的头部与胸部等宽，橘黄的色调间有稀疏而浅淡的刻点，大而明显的复眼和三个闪亮的单眼像是汽车上的车灯。两条棕色的触角呈"八"字形分开。中胸背板中间嵌着隆起的黑线，两侧还各镶两条金色的纵带，连小盾片和胸腹节也镀上金黄的颜色。它的腹部各节背腹板为暗黄色，近中部处各节有一条棕色的纹饰，装饰得简朴美观。胡蜂有两对透明的翅，一长一短，不飞时竖在身上，显得威风凛凛。

黑尾胡蜂

胡蜂建巢

胡蜂巢多建在较低矮的树枝上、地表茂密灌丛的横枝、屋檐下、窗檐下，少数蜂巢在较高的树上。与蜜蜂不同的是，胡蜂的建巢活动是从蜂王开始的。蜂王在秋季交尾受精后便进入越冬期，第二年 3 月底或 4 月初，越冬后的蜂王开始寻找合适的场所建巢。先做一个有几个纸质巢室的小巢，小巢通过一个短柄呈悬吊状与树枝、岩壁等依托物相连，短柄与小巢之间还有保护性包壳，呈伞状扣在小巢基部，部分包住了小巢，小巢中的巢室端部是开口的。大巢由多个短柄与依托物相连，这样更利于大巢的稳定，不会因为刮风下雨等而掉落毁坏。蜂王在一个巢室只产一粒卵，边筑巢边产卵。待第一批幼虫羽化为成蜂后，蜂王不再承担建巢任务，专司产卵。新羽化的工蜂接替了蜂王的工作，包括哺育幼蜂和继续扩大巢穴。为了满足蜂王产卵的需要，给更多的幼虫提供住房，在工蜂的努力下，胡蜂巢在不断增大，直到秋季，蜂巢达到一年中最大。

大巢的多个短柄

胡蜂巢俗称马蜂窝，又叫野蜂房、纸蜂房，有的像圆盘，有的似莲蓬，还有的像宝塔，大小不一；胡蜂的巢为纸质，口朝下，由不断繁殖的新工蜂接着向四周扩展，加大加固，直到全部完成。不过，胡蜂的巢每年只住半年，秋季离巢后旧巢就废弃不用，来年春天重筑新巢。胡蜂筑巢的材料多为木材，将木材咀嚼成糊糊状后，一点一点地堆砌起来，材料干燥后凝结成坚韧的纸质巢壁，略有弹性，不容易捏碎。废

小巢有一个短柄

胡蜂巢

弃的胡蜂巢，外壳会逐渐剥落，在野外碰到这种巢不必恐慌哦！

　　胡蜂的蜂巢由两部分组成，即包在外面的纸质外壳和壳内的几层巢脾。外壳由 2~3 层纸质物交错覆盖而成，比较厚但质地很轻，具有良好的保温、保湿、防雨的功能。外壳上还有灰白、浅灰或褐色花纹，这是因为工蜂建巢时获得的木质纤维来源不同，所以呈现的色彩也不同。外壳呈封闭式，靠近下半部有一圆形出入口，这是工蜂进出巢的通道。内部巢脾呈扁平的圆盘状，每个巢脾是由许多呈正六边形的巢房连接而成。巢脾层数因种而异，最少的有 3 层，最多可达到 12 层。两个巢脾之间的空隙被称为"蜂路"，工蜂可以自由穿行。巢脾依靠巢柄层层相连，组成蜂巢的梁架系统，巢柄起着支撑上层重量和连接下层重量的作用，维持着蜂巢的牢固性。

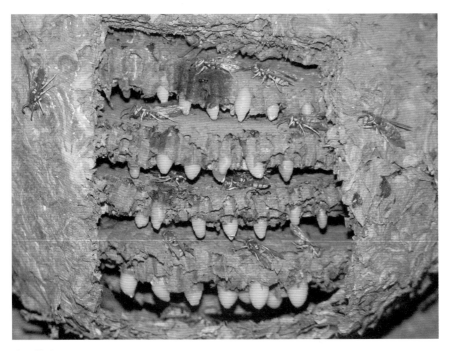

多层巢脾

蜂路

胡蜂的一生

跟蜜蜂一样，胡蜂属于完全变态的昆虫，一生经历卵、幼虫、蛹、成虫四个阶段。卵白色、长椭圆形，有点像缩小版的茄子；幼虫共5龄，乳白色，没有脚，身体粗胖，老熟幼虫化蛹前吐丝封盖，在封闭的蜂室中化蛹；刚化的蛹为黄白色，随着时间的推移颜色逐渐加深，成虫的主要器官逐渐明显可见，在蜂房内羽化成蜂后，用它的上颚咬破封盖钻出来。

成虫

卵、各龄幼虫

勤劳的工蜂

与蜜蜂一样，胡蜂的工作也有明确的分工，包括建巢、饲喂、清巢、保温、捕猎、警戒等内外勤活动。负责警戒的胡蜂一般群居于蜂巢的表面，它们攻击力极强，当人或动物触碰巢穴时，就会群起而攻之。胡蜂的幼虫是肉食性的。我们在野外看到的胡蜂都是外出为幼蜂捕食猎物的。它们没完没了地捕猎，用它们的上下颚将动物蛋白质咀嚼成肉糜，去喂养巢中的幼蜂。成蜂本身则主要靠补充水分和糖分等碳水化合物来维持能量消耗。胡蜂的猎食对象很广，有很多都是农林业害虫，如棉铃虫、造桥虫、棉卷野螟、二化螟、三化螟、玉米螟、稻纵卷叶螟、豆荚螟、粘虫、菜青虫、稻苞虫、白薯天蛾、豆天蛾等多种鳞翅目幼虫。如果没有这些食欲旺盛的胡蜂，很多害虫都会泛滥成灾。

蜂巢表面负责警戒的工蜂

三、蚂蚁

蚂蚁是典型的社会性昆虫，它们就像一个大家庭那样生活在一个"家"（巢穴）里。离开了集体，蚂蚁个体是无法生存的。全世界蚂蚁的种类有1万多种，蚂蚁虽然不是地球上种类最多的昆虫，但却是地球上数量最多的昆虫。蚂蚁属完全变态类型，它的一生经过了卵、幼虫、蛹、成虫四个阶段。成年蚂蚁有蚁后、雄蚁和工蚁之分。其中工蚁最常见也最辛苦，而且工蚁的分工也非常明确，刚刚羽化的蚂蚁承担的是"保姆"的工作，负责照料卵、幼虫和蛹，再大一些就会负责巢穴的设计和建造，等到足够大时就会外出寻找和搬运食物。我们在野外看见的蚂蚁都是"老蚂蚁"了，在洞口处扛着土粒往外运的蚂蚁属于"中年蚂蚁"，"小蚂蚁"一直待在洞里，我们是看不见的。

卵、幼虫、蛹、工蚁

洞内的"小蚂蚁"

雌蚁 雄蚁

地下和地上蚁巢

蚁后和雄蚁经过短暂的婚飞后，落地脱翅，然后开始建巢。蚂蚁的巢穴可不是一个简单的洞穴，简直就像一座豪华的地下宫殿，里面有很多房间，一层一层地排列得非常整齐，房间的分配井然有序，有蚁后室、卵室、幼蚁室、蛹室、储物室、垃圾室等。房间的设计也极为合理，为了方便工蚁将垃圾运出去，它们将垃圾室放在了离地面最近的位置，而幼蚁和蚁后的房间则放在最深处，这是对它们最好的保护。各个房间通过隧道相连，隧道之间相互交错贯通，组成一个庞大的系统。蚁巢深处隧道较为稀疏，由工蚁直接在土中挖掘而成，主要是方便为整个蚁巢输送所需的水分。

地下巢是最普通、最原始的一种蚂蚁巢穴，巢穴的洞口各有千秋。有些沙漠中的蚂蚁种类把地下的泥土挖上来，在出口处堆成火山口状；而许多温带种类会在地面上堆成小山状，称为蚁丘。

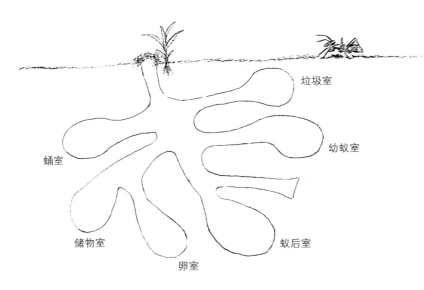

蚂蚁的地下巢穴

蚁丘

火山口状蚁巢

除了地下巢，蚂蚁还会建造木巢和树巢。弓背蚁大多在活树内建巢，沿着树木年轮的柔软部分打隧道筑巢，挖出的木屑带出巢外。多刺蚁和织叶蚁会建造树巢。多刺蚁蚁巢由树木枝叶、杂草碎屑组成，并由自身分泌的丝状物将这些材料黏合在一起。织叶蚁仅用树上的树叶建巢，将几片树

织叶蚁蚁巢

多刺蚁蚁巢

叶扎在一起，并用自身分泌的丝状物将树叶固定在一起形成一个蚁包。树对它们来讲，是一个既安全又舒适的地方。虽然筑巢采用的材质不同，但里面的结构也跟地下巢穴一样复杂。也有些蚂蚁并不建巢，它们过着"游牧"生活，比如生活在亚马孙河流域的行军蚁，一个蚁群就拥有百万大军，这么大型的蚁群似乎从来不知道疲倦，走到哪儿吃到那儿。

蚂蚁的气味语言

蚂蚁成天忙碌地进出巢穴，寻找、搬运和储藏粮食。所以你看到的蚂蚁，不是在瞎溜达，而是在寻找食物。当发现食物后，要是力所能及，就自己把食物搬回家，要是自己搬不动，它就会寻找同伴一块来搬。它们是怎样通知其他蚂蚁的呢？原来，蚂蚁是用一种特殊的"化学语言"来通信的。

两只蚂蚁碰上了，互相"亲吻"，一方或双方把嗉囊里的化学物质（一种复杂的化合物）传给对方。这种化学信号，对蚂蚁神经产生刺激作用，使蚂蚁知道要做些什么。另外，遇到敌害，蚂蚁还会发出"警戒激素"，警示其他蚂蚁。即使是死了，也会发出一种气味，其他蚂蚁得到这种气味信息，便会将它搬出巢外。

弓背蚁

搬运食物

交流信息

饲养"家畜"

蚂蚁喜舔食蚜虫、介壳虫、角蝉等昆虫的排泄物，有些蚂蚁还会饲养家畜。蚂蚁用触角轻轻敲击蚜虫的腹部，蚜虫便会分泌蜜露。蚂蚁从蚜虫身上获取自己需要的蜜露，同时作为回报，它们经常在树上巡行，以保护蚜虫免受其他动物的危害，到了冬天，还会把蚜虫带回巢中越冬，来年春天再放出来。

另外，大约有 200 种蚂蚁还像农夫一样，种植真菌作为自己的食物。这些蚂蚁都属于切叶蚁科，它们外出采集叶片或花瓣建造地下苗圃，培育可食用的真菌。

蚂蚁和蚜虫

传播种子

蚂蚁所吃的种子比所有哺乳动物和鸟类吃的种子都要小得多。像松鼠一样，蚂蚁经常忘了自己把种子藏到哪儿了，因此有三分之一的草本植物是因为蚂蚁的遗忘而生长起来的。

四、白蚁

白蚁过着真正"一夫一妻"的婚姻生活，而不是像蚂蚁和蜜蜂那样仅有短暂的婚飞。在许多年以后，一对白蚁夫妇仍然在继续交配。身躯巨大的蚁后就像一部巨大的产卵机器，每天至少要产 3 万枚卵。经过产卵、繁殖、发育、分化，最后达到超过 100 万只以上的群体。这个大型群体的主要成员是工蚁，工蚁在蚁群中数量最多，占群体数量的绝大部分，有雌、雄性别之分，但无生殖机能，它们担任着巢内很多繁杂的工作，如建造蚁冢，开掘隧道，培养菌圃，采集食物，看护蚁卵，饲育幼蚁和蚁后，清洁卫生等。自带武器的兵蚁主要承担防御工作。兵蚁的头部长而高度骨化，上颚特别发达，但已失去了取食功能，而成为御敌的武器，当外敌入侵时，还可用上颚堵塞洞口、蚁道或王宫入口。它们因武器不同分为两类，一类长有一对像大刀一样的大牙，另一类长有可以注射毒液的刺锥。一旦有敌情，它们便奋勇直前，宁可战死也决不后退。

幼蚁

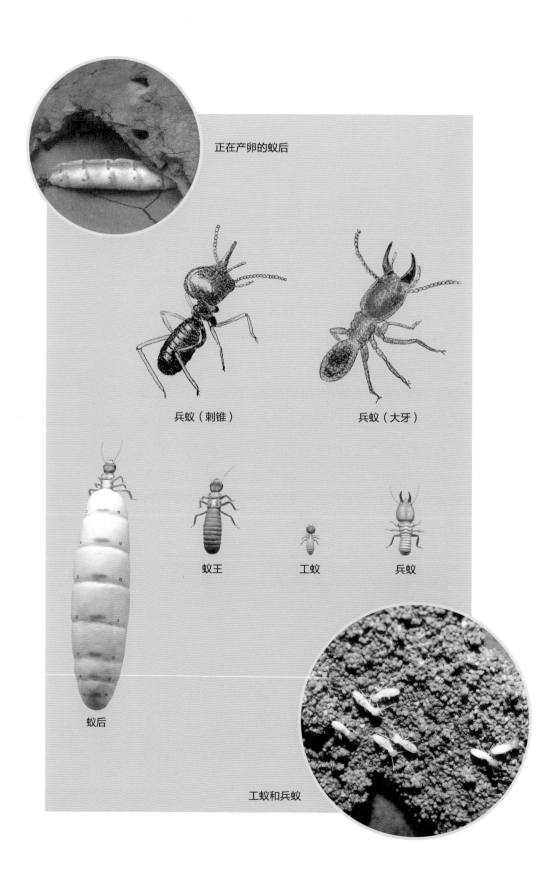

正在产卵的蚁后

兵蚁（刺锥）

兵蚁（大牙）

蚁王

工蚁

兵蚁

蚁后

工蚁和兵蚁

地上城堡

如果说蚂蚁建造的是规模宏大的地下宫殿的话，那么白蚁建造的就是雄伟壮观的地上城堡。工蚁个个都是杰出的"建筑师"，它们把土壤颗粒、排泄物、同伴尸体、植物残骸等物质，咀嚼成类似水泥状的糊状物。然后把这种糊状物放在一个合适的地点，慢慢地，这些物质就堆积成一个大城堡。这些由几十吨混合型泥土堆积起来的城堡，最高的竟有8~10米。如果以白蚁的体形来对比它们建造的蚁丘高度，那么这个城堡要比人类建造的摩天大楼还要高。更为神奇的是，它们在黑暗中建造城堡，并且完全没有使用任何工具，也没有哪个白蚁事先画好图纸，但它们似乎都知道该怎么样建造城堡。

白蚁丘

空调房

　　拔地而起的蚁丘，只是白蚁城堡的地上部分，白蚁在地下还建造了与地上部分差不多大的地下宫殿。与地上城堡不同的是，地下宫殿中建造了密密麻麻、大大小小的房间，有蚁后室、育婴室、真菌栽培室等。地下部

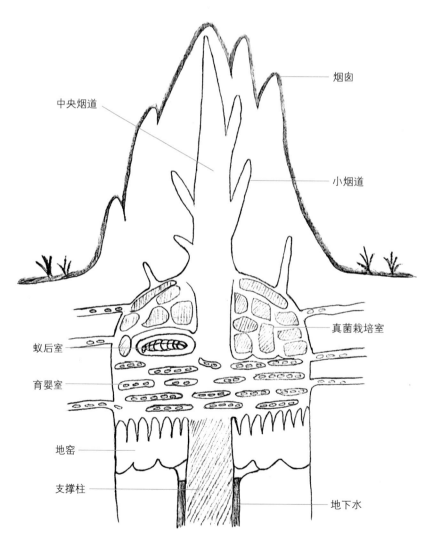

中央烟道

烟囱

小烟道

真菌栽培室

蚁后室

育婴室

地窖

支撑柱

地下水

白蚁内部结构图

分与地上部分完美地结合在一起，组成一个恒温恒湿的空调系统。而几乎所有的白蚁都生活在地下部分，而地上部分主要起通风换气的"烟囱"的作用。

高耸并有坡度的白蚁丘可以有效地阻挡太阳直射。更重要的是，在白蚁丘的外墙上分布着大量的通气孔洞，白蚁通过打开或者封堵空气孔洞使蚁丘内部保持恒温，并保证空气清新。白蚁丘内部密密麻麻的"烟道"也有助于热空气的冷却。夏季，白天天气炎热时，白蚁从低于地下水位的土壤深处，挖掘阴冷的湿泥浆并搬运到地窖，同时从通气孔道进来的新鲜的热空气，通过外围"烟道"下沉至底部，被湿泥浆所冷却，冷却后的空气又会吸收丘体内的热量，然后通过中央烟道上升，最后从通气孔道排出。而在夜间，当外界温度下降，蚁丘内部需要保温时，白蚁便封堵外墙上的空气孔洞，仅在附近地表留有出口，以维持换气。

木栖性白蚁

有些白蚁不在土中建巢，而是生活在木头中。它们在木质建筑物，如木制门窗、木制地板、木屋、铁道枕木、木制桥梁、枯树等的啮空部分建巢，

白蚁对衣物的破坏

白蚁对书籍的危害

白蚁对木材的危害

取食木质纤维。木材被蛀变空，建筑物容易倒塌；铁路枕木被蛀，影响使用寿命，对交通安全威胁极大。室内的白蚁还会啃咬书柜、衣柜，以及里面的书籍和衣物，对人们生活造成很大的困扰。